平成テレビジョン・スタディーズ　目次

## Ⅲ　深夜ドラマの時代

## Ⅳ 「卒業」と「引退」の社会学

# 平成テレビジョン・スタディーズ

# 序章　テレビは平成をどう切り拓いたか

## 荒野もまた楽し

「放送開始後五十年になる日本のテレビ界には、トーク番組とは名ばかりの、面白くもない会話をだらだらと流す安手の番組が実に多い」

こんな手厳しい言葉を記すのは、作家の小林信彦である。「放送開始後五十年」とは、日本のテレビ本放送が始まった一九五三年から五〇年が経った二〇〇〇年代初頭を指す。かつて一九六〇年代に放送作家・中原弓彦としても活躍した小林の目には、平成のテレビはこのように映っていたのである。そんなテレビの現状を小林は「五十年後の荒野」と呼ぶ（小林信彦『テレビの黄金時代』文藝春秋、二〇〇二年、三八八頁および終章）。

しかし待てよ、と私は思う。なるほど小林から見れば、平成のテレビは荒野かもしれない。だが荒野には荒野の魅力がある。未開の土地を目指して我こそはと意気込む開拓者たちが集い、思い思いの構想で新たな街をつくり、やがてどこからともなくその街に多くの人びとがやってきて住み着き始める。

平成とは、テレビにとってそんな時ならぬ大開拓時代だった。さまざまなアイデアや才能を持つ制作者や演者が「開拓者」となり、新たな番組という「街」をつくる。そしてその魅力を知った視聴者が入植者となってその街の「住民」になる。「荒野もまた楽し」、と言うべきか。

本書では、そうした平成テレビ開拓史をジャンル、番組、人物別に取り上げ、考察している。ざっと目次を眺めてもらっても、テレビやポピュラー文化に関する多種多様なテーマのものが並んでいることがわかるだろう。

ただそこには、共通点を持ったいくつかのまとまりも発見できる。それが昭和から平成への変化を跡づける第Ⅰ部から始まり、第Ⅱ部のバラエティ論、第Ⅲ部のドラマ論、そして第Ⅳ部のアイドル論と続く本書の構成である。この序章では、その構成から見えてくる平成のテレビの大まかな全体図を示せればと思う。

## よりマニアックに！

「荒野」という表現が当たっているとしたら、それはテレビよりもまず「平成」という時代に対して向けられるべきものだろう。

テレビの黄金時代は、一九六一年か六二年から、一九七一年から七三年あたりまでだったというのが小林信彦の主張だ。ちょうど『夢であいましょう』『シャボン玉ホリデー』『てなもんや三度笠』などのテレビ史に残る番組が始まり、そのうちのいくつかが終わる期間だからというのがその根拠である。

ただ、この黄金時代は時代と深く結びついているように見える。その期間は、戦後の高度経済成長の期間にほぼぴったり収まっているからである。

「三種の神器」や「3C」という当時のフレーズを思い出すまでもなく、テレビの発展は高度経済成長と切っても切り離せない関係にあった。敗戦からの復興を目指すなかで日本社会は驚異的な経済成長を達成し、「一億総中流」意識が浸透するほど日本人は平均して豊かな暮らしを手に入れた。テレビは物質面でも娯楽面でもその象徴になった。茶の間に家族が集まって各家庭で同じ時間に同じ番組を見ることは、等しく豊かになった幸福を実感する体験でもあった。

だが高度経済成長も終わり、その後昭和の終わりにバブル景気が到来するも、平成になってすぐの一九九〇年代初頭でバブルは崩壊する。その反動は大きく、後に「失われた一〇年」とも呼ばれることになる長い不況が続いた。そして国際社会ではソ連の崩壊による冷戦の終焉があり、国内では一九九五年に阪神・淡路大震災と地下鉄サリン事件が起こる。

こうして昭和から平成への移行期に立て続けに大きな出来事が起こり、日本社会はその根底から揺さぶられることになった。その結果、出口の見えない荒涼とした社会状況、すなわち「荒野」が現出したのである。

そのなかで、高度経済成長と一心同体だったテレビも大きく変化を迫られた。「一億総中流」意識を前提に視聴者の最大公約数を狙った番組作りではうまくいかなくなった。少数かもしれないが、確実に喜んでくれる根強いファンのいるものに焦点を当てた番組作りがより重要になった。

たとえば、その変化を象徴するのが、この後第1章に取り上げる『NHK紅白歌合戦』である。昭和の『紅白』は、まさに最大公約数の視聴者のためにあった。そして実際に、七〇から八〇パーセントという現在では考えられないような視聴率を記録していた。ところが平成になると、歌謡曲の衰退とともに「誰もが知るヒット曲」という、最大公約数を体現するベースのコンテンツ自体が激減する。そのなかで『紅白』は流行歌以外に童謡などへとカバーする範囲を広げ、さらに近年ではアニソンやネットの音楽動画などそれぞれ熱狂的なファンを持つコンテンツを網羅する展示会のようなスタイルに変貌していく。

要するに、「よりマニアックに！」が平成テレビの合言葉になったということだ。

## 「素人」の時代 ——開拓者・テレビ東京

テレビ局単位で言うと、そうしたマニア志向の流れに乗って平成の主役に躍り出たのがテレビ東京だった。

一九八〇年代のテレビ東京は、民放の視聴率競争のなかで「番外地」と揶揄される存在だった。テレビ東京（東京12チャンネル）の開局は一九六四年。東京の民放キー局で最後発だっただけでなく、財団経営の科学教育専門局として出発した。その経緯もあって、予算、人員、設備などの点において他の民放に大きく後れをとり、他の民放局からすれば競争相手の資格すらない、取るに足りない存在とされていたのである（石光勝『テレビ番外地』新潮新書、二〇〇八年、九頁）。その状況は、日本経済新聞が経営参加し、教育専門局から総合局になってからも続いた。

だが平成に入り、そのことが逆に幸いした。昭和時代に視聴率争いでしのぎを削っていた他の民放局は、最大公約数狙いの番組制作手法から容易に脱することができなかった。一方ずっと「番外地」にいたテレビ東京は、視聴率の見込める大物人気芸能人に丸投げするようなキャスティングありきの作り方ではなく、最大公約数的制作手法の間隙を突く面白いアイデアや斬新な企画に活路を見出すノウハウを開局以来蓄積してきていた。その結果、一九九〇年代、つまり平成に入ると、テレビ東京はテレビの開拓者として一気に存在感を増す。

その原動力のひとつは「素人」であった。

テレビ、特にバラエティにおける素人は、一般的な意味でのアマチュアとは異なる。アマチュアは技能や知識において訓練や経験を積んだプロフェッショナルに劣る。それが常識である。だがテレビの素人は、プロの芸人も及ばないような面白さ、魅力を持つものである（太田省一「「素人」の笑いとはなにか――戦後日本社会とテレビが交わるところ」、若林幹夫ほか編『社会が現れるとき』東京大学出版会、二〇一八年所収を参照)。

そのことは、テレビの草創期から気づかれていた。「視聴者参加番組」と総称される番組がそうである。また、一九七〇年代から八〇年代にかけて萩本欽一が「欽ドン」シリーズ(フジテレビ系)などで素人を積極的に番組に起用して人気を博した。

しかし、その段階ではまだ、素人はプロの芸人によって面白さを引き出される存在にとどまっていた。萩本などプロの芸人がツッコみ、いじることで初めて輝きを放つ存在と見なされていた。

それに対し、テレビ東京がフィーチャーしたのは、それだけで面白く、感嘆させられるような素人の凄さであった。料理人の金萬福や名物社長の宮路年雄らキャラクターの濃い人びとが登場して話題になった一九九二年放送開始の『浅草橋ヤング洋品店』は、その好例である。

より素人らしい素人の凄さを見せた点では、同じ年に始まった『TVチャンピオン』が典型的だ。魚についての博学ぶりを披露して優勝し、後にタレントになったさかなクンをはじめとして、この番組には視聴者を驚かせる数々の素人のマニアが登場した。また番組の代名詞となった大食いについても同じことが言える。見た目もごく普通で、普段は社会人や学生、主婦として日常を過ごしている素人たちが、いざ始まると驚異的な大食いを見せるところにこの番組の新しさがあった。

それは、熟練したプロの技や芸を見たいという視聴者にとっては物足りないものだったかもしれない。だがそうした素人が感じさせるリアルこそが、平成のテレビにとっては新たな番組開拓の足がかりになるものだった。

## 旅するテレビ／散歩するテレビ

そこに、平成のテレビにおいて旅番組、とりわけ散歩番組が盛んに作られるようになった理由もあるだろう。素人のリアルさは、その人が暮らす日常のなかでより浮き彫りになる。こうして平成のテレビは、まさにリアルな「街」を発見する旅に出ることになる。

バラエティにもリアルさを追求する流れは、平成初期からすでに始まっていた。ドキュメントバラエティの登場である。「アポなし」ロケで有名になった一九九二年スタートの『進め！電波少年』（日本テレビ系）に始まり、「未来日記」がヒットした『ウンナンのホントコ！』（TBSテレビ系）や「ガチンコファイトクラブ」が人気を集めた『ガチンコ！』（TBSテレビ系）など、バラエティでありながらドキュメンタリー的手法によってリアルさを強調した番組が次々と登場した。

だがそれらの多くは、大げさなナレーションやゲーム的設定など、過剰に緊張感や劇的展開を強調する方向に向かった。それは、日常の暮らしが持つリアルな空気感からは逆に遠いものになっていた。

そのリアルな空気感が「ユルさ」というかたちで表現されるようになるのは、二〇〇〇年代に入ってからである。

たとえば、二〇〇七年にはテレビ東京で『ローカル路線バス乗り継ぎの旅』と『モヤモヤさまぁ～ず2』という二つの人気番組が始まっている。

旅番組は通常、有名観光地を訪れ、名所や名産などを紹介する。言い換えれば、普段味わえない贅沢を見せるのが旅番組である。太川陽介と蛭子能収のコンビによる『ローカル路線バス乗り継ぎの旅』にもそういう非日常の楽しさがないわけではないが、一方でそれまで旅番組には見られなかった日常性が持ち込まれている。まず路線バス自体が、地元の人びとが通勤、通学、買物など日常生活の足に使うものだ。さらに地元の名産を食べることにほとんど興味がなく、バス亭まで歩く途中で好きなパチンコに行ってしまうような蛭子の存在が、この旅が日常の延長であることを強調する。

そうした日常の面白さは、散歩番組のほうがさらに見えやすい。『モヤモヤさまぁ～ず2』は、その面白さを「ユルさ」として見えるようにした先駆的番組だった。

新宿ではなく北新宿など、有名繁華街ではないところをわざわざ選んでぶらぶら歩きするこの番組には、普段着そのものの素人が登場する。そうした人たちは、テレビだからこう応対しなければ、というようなお約束に無頓着だ。プロの芸人から見れば、テンポの良いボケとツッコミのやり取りなどとはほど遠い。だがそのマイペースな素人の「ユルさ」こそが、平成を生きる私たちにも共感できるリアルな日常の魅力を伝えるものだった。

## 深夜ドラマの秘かな連帯

平成のテレビが開拓したもうひとつの「街」、それは深夜という時間帯である。

むろん深夜番組の歴史は平成になって始まったわけではなく、一九六〇年代の『11PM』（日本テレビ系）など昭和から連綿と続いている。一九八〇年代以降になると、お色気的なものだけでなく、教養講座をパロディにしたフジテレビ『カノッサの屈辱』（一九九〇年放送開始）など若者向け深夜バラエティが精力的に作られるようになった。

それに対し平成の特徴は、ドラマが大きな位置を占めたことである。そして深夜ドラマは、ゴールデンタイムやプライムタイムのドラマとは一線を画す独自の発展を遂げた。

その最大のポイントは、バラエティ性である。殺人事件が起こったり、ホラー的展開があったりしても、必ず笑いの要素がどこかに入る。現在の深夜ドラマ隆盛の礎となった仲間由紀恵・阿部寛主演のテレビ朝日『TRICK』（二〇〇〇年放送開始）などは典型的である。本筋の事件の謎解きとは無関係に、ボケとツッコミをベースにした二人のやり取りや小ネタ、パロディ、ギャグが随所に盛り込まれ、それが人気の大きな理由であった。

要するに、深夜はドラマにとって「作品」という枠から逸脱することのできる時間帯だった。フィクションであるドラマは、映画や小説のように一個の独立した「作品」として扱われやすい。しかしドラマもテレビ番組の一ジャンルである限り、放送時は前後の番組との連続性や他局の裏番組との対抗関係などのなかで見られるものだ。また視聴者が、物語の展開や制作者が込めたメッセージとは違う観点で楽しむのも本来自由なはずだ。

深夜ドラマのバラエティ的演出は、そうしたテレビの持つ本質的一面を浮き彫りにする。それによって私たち視聴者は、「作品」としてではないドラマの楽しみ方に改めて気づかされる。

言い換えれば、ドラマのバラエティ的演出は決して異端視されるべきものではない。視聴者にとって、テレビとは鑑賞するだけでなく参加するものでもある。さりげなく映された小ネタやマニアックなパロディを目ざとく発見するのもそうした参加のひとつのかたちである。

そしてそのように参加することで、一時的にではあれ視聴者は孤独を忘れる。現在の深夜ドラマの代表格とも言える『孤独のグルメ』（テレビ東京系）でも、いつもひとりきりで食事をする井之頭五郎（松重豊）の心の中の独白を聞きながら、やはり視聴者は自分がともに食事をしているような気持ちになり、何とも言えない親近感を抱く。

それはまさに、深夜ドラマによる「街」の誕生である。平成の旅番組や散歩番組がリアルな「街」を再発見しようとしたとすれば、平成の深夜ドラマは孤独を持て余した視聴者が秘かに集うバーチャルな「街」を生み出したと言えるだろう。

## アイドルとともに歩んだ平成

アイドルもまた、平成のテレビにおける「街」づくりに貢献した。

なぜなら、アイドルとは「素人」の究極の姿だからである。アイドルの本質は、未完成さにある。歌やダンス、あるいは演技にしても未熟かもしれないが、そのことを自覚し、努力を続けて成長しようとする。その懸命な姿にプロにはない魅力を感じ、ファンは応援する。

そうした意味でのアイドルは、昭和のオーディション番組『スター誕生!』(日本テレビ系、一九七一年放送開始)をきっかけにすでに誕生していた。だが平成は、「荒野」と化した社会状況を背景にそのようなアイドルの魅力がいっそう輝きを増した時代であった。世の中が敷いたレールの上に乗っていれば大丈夫と思われていた昭和に対し、先行きの不透明な平成という時代においては、自分で道を見つけて努力し成長し続けることが、アイドルだけでなく誰にとってもより重要な意味を持ったからである。

そうしたなかでアイドルは、AKB48やももいろクローバーZのようにドキュメンタリー性を強く帯びるようになる。誰がセンターになるか、というようなグループ内のライバル関係はもちろん、メンバーの脱退や卒業、スキャンダルなどさまざまなことが起こるなかで、それらを乗り越えていくプロセスがそれぞれのアイドルにとっての物語となって紡がれていく。

ただしAKB48やももいろクローバーZの場合、そうした物語はライブなどの現場で展開されていくものとしてある。それに対し、アイドルグループとしてのドキュメンタリー性や物語性をテレビという場で体現したのが、第14章で取り上げるＳＭＡＰであった。

平成のテレビを牽引した存在を誰か挙げよと言われれば、それはＳＭＡＰになるのではないか。そう思えるほど、昭和の終わりに結成され、平成の初めにデビューした彼らの歩んだ道は、平成のテレビそのものと言っておかしくないものだった。

それはＳＭＡＰがグループとして、そしてメンバー個人として残した足跡からも明らかである。彼らは、アイドル歌手としてだけでなく、俳優、お笑い、司会、キャスターなどあらゆる分野で活躍した。本格バラエティ番組としてのフジテレビ『SMAP × SMAP』（一九九六年放送開始）もテレビ史に大きく残るものであることは間違いない。

加えて『SMAP × SMAP』は、ＳＭＡＰのドキュメンタリーでもあった。メンバーの脱退や不祥事、そして分裂・解散騒動などが起こるたびに、番組のなかで彼らは自らの口で語ろうとした。そのなかで視聴者もさまざまな思いを抱きつつ、グループとともに歩んだ。

さらにＳＭＡＰは、アイドルがある種の社会的使命を担うものであることを明確に示した。平成に起こった二度の大震災である阪神・淡路大震災と東日本大震災。そのいずれの際にも、彼らはテレビを通してメッセージを発し、そして自分たちの使命として歌を届けた。

ある意味でそれは、平成という時代のなかで最大公約数に訴えるテレビの役割をもう一度蘇らせようとする最後の壮大な〝実験〟だったのかもしれない。「よりマニアックに！」という流れが抗えない現実であるとしても、テレビはすべての人びとに見てもらうことを根底ではいつも夢想している。そんなテレビの欲望を引き受けた「開拓者」こそがＳＭＡＰだった。そして確かにそこには、老若男女が集まる巨大な「街」が出現したのである。

いわば空撮で見るように、あるいは最近のテレビであればドローンで撮影するように、ここまで平成のテレビが形作ってきた「街」の風景を本書の構成に沿って俯瞰してきた。だがやはり、その本当の魅力は実際にその「街」のなかを歩いてみなければわからない。気ままにでもじっくりとでも構わない。この後に収められた私が見たそれぞれの「街」の体験記にお付き合いいただければと思う。

# I　昭和の残像、平成の名残

## 第Ⅰ部について

第二次大戦後の昭和、いわゆる戦後は、復興から高度経済成長、そしてバブルと高揚感の続いた時代という側面があった。ちょうど高度経済成長とともに爆発的に普及したテレビが消費財としても、また娯楽としても、その高揚感の一端を担っていたのはすでに序章でもふれたとおりだ。

その高揚感がピークに達した出来事として、一九六四年の東京オリンピックが挙げられるだろう。東京オリンピックは、「テレビ五輪」とも呼ばれた。史上初めて衛星による生中継がおこなわれた。またカラー放送の普及にも大きく一役買った。一方で、開催に合わせた高速道路や新幹線の開通、さらにはホテルの建設ラッシュなど、高度経済成長を加速させたのもこのオリンピックであった。

そうした熱気を、『NHK紅白歌合戦』はストレートに伝えた（第1章）。オリンピック開催前年に当たる一九六三年の「紅白」の視聴率は八一・四パーセント（ビデオリサーチ調べ、関東地区。以下も同様）。恒例の「蛍の光」ではなく「東京五輪音頭」がエンディングで大合唱されたこの年の数字は、いまだに破られていない。

それは同時に再開発が進んでいた大都会・東京の熱気でもある。高度経済成長の中心であった東京には、働き手不足を補うために地方から若者たちが大量に流入した。歌謡曲は、そこに生まれる希望や挫折感、望郷の念を歌い、人びとのこころに寄り添った。「紅白」の記録的な視聴率は、そうした歌謡曲全盛期を基盤にしていた（第2章）。

そんな高度経済成長の時代も終わりを告げた一九八〇年代中盤、今度はバブル景気が到来する。株式や不動産を中心にしたマネーゲームのなか、実体的価値よりも付加価値が重視される消費社会化が急速に進展した。

「女子アナ」は、テレビにおいてまさにそうした時代が生み出した存在だった。

詳しくは第4章に譲るが、女子アナもまた、職業の基本であるアナウンス技術よりも容貌、ミスコン出身、帰国子女であることなど付加価値がまず注目される存在である。そしてそこに作用する男性のまなざしが、女子アナをメディアにおける消費の対象にする。ただし女子アナには女性の社会進出の象徴的存在という側面もあり、それ自体のなかに矛盾する要素もあった。そうした二重性のなかで、女子アナは時代のアイコンになっていく。

ところが昭和が終わり平成になると、これらのものはがらりと言ってよいほど変化していく。それは「紅白」にせよ東京を舞台にした流行歌にせよ、はたまた女子アナにせよ、昭和をあまりに体現していたからである。それぞれがどう変わったかについては各章を参照してもらえればと思うが、その背景には昭和と平成が醸し出す時代の変わりようがある。

高揚感に満ちた戦後の昭和に対し、一転して平成は経済にしても社会にしても浮上のきっかけがつかめず苦しんだ。バブル崩壊後の長い不況や二度の大きな震災などのなかで、生きていくうえでの漠然とした不安や生きづらさの感覚がいつしか浸透していった。

そのなかでどうするか？「夢よもう一度」とばかりにもう一度経済成長を目指す道もあるだろう。ただそうだからと言って、昭和を理想化するわけにもいかない。それは逆に、昭和に呪縛されることでもある。国民が一丸となって経済成長にまい進することは一見美しいが、そこから外れることを許さない〝気持ち悪さ〟もある。

第3章の赤塚不二夫についての文章は、そういう文脈から読んでもらえるはずだ。私見では、赤塚が常に望んでいたのは意味の呪縛から逃れることであった。それまでなかったスラップスティック的なナンセンスの笑いを漫画の世界に持ち込むことで、人生に深遠な意味を求めがちな世間の常識に対峙しようとした。赤塚が人気漫画家となったのはまさに戦後の高度経済成長期。くだらなさを追求することは、そのまま「勤勉さ」や「真面目さ」を至上の価値とするような当時の世間の空気の〝気持ち悪さ〟への反発であったと見ることができる。

そのような赤塚不二夫の精神が、実は平成になっても私たちのこころを捉えるものであることは、「おそ松くん」の六つ子がおとなになった設定のアニメ「おそ松さん」の社会現象的大ヒットで図らずも証明された。そして赤塚の盟友であるタモリの現在の人気にも同様のことが言えるだろう。タモリについては第7章で主題的に考察しているので、そちらも併せて読んでもらいたい。

## 1　昭和の『紅白』と平成の『紅白』

### 『紅白』を「線」でとらえる

『NHK紅白歌合戦』(以下、『紅白』と表記する)には、正式にはカウントされない元祖的番組があった。

敗戦後すぐ上司からの命を受けた日本放送協会の近藤積(つもる)は、新しい音楽番組の企画を立てた。それが現在の『紅白』の原型である。ところが「合戦」という表現が軍国主義を連想させるとしてGHQからの指導があり、一九四五年の年末に結局「紅白音楽試合」という番組名でラジオ放送された。特番で一回限りの放送であったが聴取者からの反響は凄まじく、一九五一年に今度は「合戦」の文字を無事入れて復活する。それが現在に続く『紅白』の第一回である。

そんな『紅白』も二〇一八年で六九回を数え、二〇一九年には「七〇回」という大きな区切りを迎える。だがいまこのタイミングで歴史を振り返ろうと思うのは、二〇一八年が「平成最後」の『紅白』になるからである。

もちろん『紅白』にはずっと変わらない良さと安心感があり、それゆえ長年多くの視聴者を惹きつけてきた。しかし一方で、『紅白』ほど時代とともに歩み、時代を反映してきた番組もないだろう。とすれば、昭和と平成で大きく世の中のありようが変わったように、『紅白』も変わっているはずだ。

そこで以下では、改めて『紅白』の足跡をたどり直してみたい。いわば、『紅白』を一年だけの「点」ではなく過去から現在に至る「線」でとらえようという試みである。

## 『紅白』にこめられた「スリーS」

近藤積が「合戦」という表現にこだわったのには理由があった。近藤は、こう述べる。「紅白のバックボーンを形成する三つの要素、それは戦後に日本を吹きまくった〈セックス・スポーツ・スピード〉の、いわゆるスリーSであった」(近藤積「紅白誕生記」、『紅白歌合戦アルバム NHK二〇回放送のあゆみ』デイリースポーツ社、一九七〇年、三頁)

「セックス」とは性別、つまり男女別ということである。これを近藤は、「番組構成上最大の武器」と主張する。そこに「スポーツ」のエッセンスである競争の要素が盛り込まれる。実際のスポーツならば、体格や体力の差で純然たる男女対抗は困難だ。ところが歌であれば、「スポーツ界ではありえない、男女対等、ハンディなしのゲーム展開が可能」になる。そして最後に演出や曲順などで緩急をつけることによって、「スピードが醸し出すスリルに富んだ満足感」を視聴者は得ることができる（同前）。

たとえば、昭和の『紅白』の定番だったオープニングの入場行進や選手宣誓、また番組中スポーツアナウンサーの実況音声が入る趣向は、まさに歌番組のスポーツ化であった。スポーツ精神に則った男女のスリリングな歌の真剣勝負は、近藤からすれば「合戦」としか呼びようのないものだったに違いない。

そこには、当時の時代状況もうかがえる。

『紅白』と同時に企画されたのが、こちらもいまだに続く『NHKのど自慢』（開始時は『のど自慢素人音楽会』）である。近藤積とともに指示を受けた日本放送協会の三枝健剛は、「放送はみんなのもの」と考え、誰もが歌える視聴者参加型の音楽番組を企画した。いわば「マイクの民主化」を目指したのである。当時は素人の歌声を放送に乗せるなどもってのほかとする考えが根強く、局内にも反対の声があった。しかし、いざふたを開けてみると応募者が殺到し、長寿番組の代表格になった（読売新聞芸能部編『テレビ番組の40年』NHK出版、一九九四年、三四一―三四二頁）。

同じことは、『紅白』にも当てはまる。男女が平等な条件のもと、個々の力を存分に競い合う。アマとプロの違いはあれども「マイクの民主化」のあるべきかたちを示したのであり、『紅白』もまさにテレビにおける「戦後民主主義」の申し子としてスタートしたのである。

## 大晦日である意味

一度だけ、『紅白』が一年に二度あった年がある。それは一九五三年の第三回と第四回である。当初『紅白』は、NHKのスタジオからの正月番組だった。だが人気上昇とともに日劇を使うことになった際、「大晦日なら」という条件が付いた。当時、大劇場は有名歌手の正月公演に使われていたからである（合田道人『紅白歌合戦の舞台裏』全音楽譜出版社、二〇一二年、三九―四〇頁）。それで、第三回と同じ年の大晦日に第四回が放送されることになった。

その第四回は、初のテレビ放送でもあった。いま述べたように偶然による面があったにせよ、ここで『紅白』が大晦日のテレビ生放送になったことは、きわめて重要な意味を持つ。

第四回から九年連続で白組司会を務めたNHKアナウンサー・高橋圭三は次のように語っている。

「ふだん、大人は歌謡曲など聞かない。しかし、大晦日はお宅においでのはずなんで、そういうご家庭のご主人もお聞きになる。ですから、ただの歌の番組じゃない、大晦日の家庭に向けた意義ある番組なんだと思いました。この番組は一年間の締め括りであり、その年の特色、ニュース、世の中の流れなどを織り込んでいくのが、この番組の生命だと思いました」（高橋圭三『私の放送史』岩手放送、一九九四年、一三〇頁）

むろん中心は歌だが、それに劣らず『紅白』は、日本人がその一年の出来事を振り返り、自分たちの現在地を再確認する場になった。音楽番組であるにとどまらず、報道番組やドキュメンタリー番組でもあり、時にはドラマ以上にドラマチックでもある。だからこそ『紅白』は、「国民的番組」と呼ばれるようになった。

そんな確立期の『紅白』の頂点が、一九六三年の第一四回であろう。

東京オリンピックの開催を翌年に控えた日本は、熱気にあふれていた。オリンピックは、スポーツの祭典であると同時に敗戦した日本の復興を世界に知らしめる晴れ舞台でもあった。

この年の『紅白』も、当然のようにオリンピックを先取りしたものだった。聖火ランナーに扮した渥美清がセットの聖火台に点火するオープニングから始まり、最後は恒例の「蛍の光」ではなく「東京五輪音頭」を全員で歌って大団円を迎えた。視聴率は八一・四パーセント。この記録はいまだに破られていない。

歌われた曲にも、当時の日本人が抱いていた未来への希望が感じられる。初出場の梓みちよが歌った「こんにちは赤ちゃん」はその代表だ。この楽曲は、NHKのバラエティ番組『夢であいましょう』の「今月の歌」で歌われて大ヒットしたもの。テレビがヒット曲を生み出す時代の幕開けを告げる一曲でもあった。

## 充実期を迎えた一九七〇年代

一九七〇年代、テレビと歌謡曲の結びつきはさらに強まっていく。

『夜のヒットスタジオ』（フジテレビ系）など各局の歌番組が人気を集め、オーディション番組『スター誕生！』（日本テレビ系）からは森昌子、桜田淳子、山口百恵の「花の中3トリオ」やピンク・レディーがデビュー、アイドル歌手の時代が到来した。そうしたなかで、歌謡曲は演歌、ポップス、アイドル、ニューミュージックなど多彩なジャンルが花開く黄金期を迎える。同時に『紅白』も、充実期を迎えた。

象徴的なのは、一九七八年の『紅白』である。

この年、紅組は山口百恵、白組は沢田研二がトリを務めた。演歌以外の歌手がトリになるのは当時極めて異例であり、また山口百恵に至っては、一九歳という史上最年少での抜擢だった。

また「ニューミュージックコーナー」の時間が特別に設けられ、紅組の庄野真代、白組の世良公則&ツイストなど紅白各三組ずつが、新しい音楽トレンドの代表として歌を披露した。

そうした音楽面の多様化の兆しが見られた一方で、この時期司会者の存在感が増した。先述の高橋圭三ややはり全国的知名度を誇ったNHKアナウンサー・宮田輝などそれまでも名司会者はいたが、よりショーアップされた部分を積極的に担うようになるのである。たとえば、この時期白組司会を長年務めたNHKアナウンサー・山川静夫は、ダジャレや歌手いじりを連発する軽妙な司会ぶりで『紅白』司会のイメージを変えた。

紅組司会にも、水前寺清子や佐良直美のようなタレント性豊かな歌手が起用された。なかでも記憶に残るのは、一九七九年の水前寺清子である。この年紅組司会となった水前寺は、歌の紹介のためにビデオを見、歌手本人に話を聞くなど綿密な準備をして本番に臨んだ（『NHKウィークリーステラ臨時増刊紅白50年』NHKサービスセンター、二〇〇〇年、五八頁）。そして見事に勝利。その瞬間、水前寺の陰の努力を知る紅組歌手が駆け寄り、ステージ上で彼女を胴上げした。ハプニングであり、『紅白』史上前代未聞のことであった。

それは、昭和『紅白』の白眉のひとつと言えるだろう。真剣勝負の「歌合戦」をベースにしつつ、だからこそ生まれた生放送ならではの予想を超えた感動的な場面。そこには、近藤積が唱えた「スリーS」の魅力が凝縮されていた。

しかしこの年、同時に歌謡界は大きな歴史的区切りを迎えることになった。

一九七九年は第三〇回という記念の年でもあった。そこで戦後の歌謡界を代表する歌手として美空ひばりと藤山一郎が特別出演し、三曲ずつ披露した。とりわけ、それまで一三回トリを務め、「歌謡界の女王」と呼ばれた美空ひばりは、そのステージで健在ぶりを示したもののこれが結局最後の『紅白』出演になった。それは、戦後の歌謡曲がひとつの時代の終わりを迎えたことを示す出来事であった。

## 一九八〇年代の爛熟と転機

そうしたなかでテレビと歌謡曲のあいだで保たれていたバランスが崩れ始め、歌以外の部分のテレビ的な演出の比重が高まっていく。それとともに一九八〇年代、つまり昭和の終わりの『紅白』は爛熟期に入った。

ここでテレビ的な演出とは、生放送ならではのハプニング性を伴った番組全体のエンターテインメント化を指す。それはさまざまなかたちをとるものであり、二〇〇六年のナインティナイン・岡村隆史の「乱入」のようにその後も続く傾向となったが、一九八〇年代の場合は一種のワイドショー化、すなわち出場歌手の恋愛、結婚、引退などが大きくフィーチャーされる傾向となって現れた。

一九八四年の『紅白』は典型的である。当時交際が報じられていた中森明菜と近藤真彦、松田聖子と郷ひろみを「噂のカップル対決」と称して対戦させ、各ペアでダンスを踊るシーンまで演出として用意された。さらに最後のクライマックスでは、その年の『紅白』限りでの引退を公にしていた都はるみのトリのステージがあった。予定では「夫婦坂」一曲のみだったが、会場の盛り上がりを見た白組司会のNHKアナウンサー・鈴木健二が「私に一分間時間をください」と言って都はるみを説得し、結局番組史上初のアンコールとして「好きになった人」を歌った。

翌一九八五年にも、同様の光景が繰り広げられた。この年は森昌子が結婚を機に『紅白』のステージをもっての引退を発表していた。紅組の司会とトリというダブルの重責を担った森は、最後自分の歌の途中で感極まり、涙で歌えなくなってしまう。するとその年も白組司会だった鈴木健二は森のかたわらで、崩れそうになる彼女の身体を支えながら耳元で曲の歌詞をささやき続けた。その光景はまるで娘を労わる父親のようであった。

ただし、そうした演出が必要になった背景には歌謡曲自体の衰退もあった。この頃、次第に歌謡曲は、コンスタントにヒット曲を生み出せなくなっていく。その傾向は、一九八〇年代後半になると誰の目にも明らかになった。それとともに、「その年のヒット曲を歌う番組」という『紅白』の基本方針も変更を迫られ始める。

そうして転機を迎えた『紅白』は、歌謡曲にこだわらず実力派歌手や名曲・スタンダードナンバーを紹介する場に衣替えし始める。

一九八七年にはクラシックの佐藤しのぶ、シャンソンの金子由香利、童謡の由紀さおりが出場。特に「夜明けのスキャット」など歌謡曲の実績も十分な由紀が、一転童謡歌手として存在感を増し一九九二年には紅組のトリを務めるまでに至ったことは、「流行歌から名曲へ」という流れを何よりも象徴するものだった。

## 平成の『紅白』へ

そして一九八九年、昭和が終わり平成に。同時に『紅白』は、二部制になった。実は当時、ＮＨＫ会長の島桂次が四〇回を節目に『紅白』に幕を引きたい旨の発言を記者会見の場で行い、番組を存続するかどうかで大きく揺れていた。

そうしたなかで二部制が敷かれる。第一部が「昭和の紅白」で第二部が「平成の紅白」。第二部は通常の歌合戦だが、第一部では戦後の歌謡曲と世相が回顧された。その際、ＧＳブームの頃長髪という理由で出られなかったとされるザ・タイガースの初出場、都はるみのこの日だけの復活などで好評を博したため、結局『紅白』は二部制のまま存続することになる。

ただ、二部制にしたことで変わった面もある。出場歌手の組数が増え、それだけ人選の幅も広がった。他ジャンルだけでなく、歌謡曲においても一九九〇年の尾崎紀世彦「また逢う日まで」（一九七一年）のように「かつての大ヒット曲＝名曲」を歌う歌手の出場が増えた。「流行歌から名曲へ」という流れは、さらに進んだ。

一方で、最新の流行歌の部分は、歌謡曲に代わってＪ－ＰＯＰが引き受けるようになる。たとえば、篠原涼子、ｔｒｆ、ｇｌｏｂｅ、華原朋美、そして安室奈美恵などの「小室ファミリー」は、一九九〇年代ミリオンヒットを引っ提げて出場し、「その年のヒット曲を歌う番組」という『紅白』のイメージを保つのに貢献した。

また一九九〇年代になると、一九九〇年のシンディ・ローパーやポール・サイモンをはじめとして海外の大物歌手の出場が目立ってくる。

こうした海外歌手の出演増加については、日本を取り巻く情勢の変化もある。昭和の終わりとともに冷戦も終焉を迎えた。国際情勢も流動的になり、日本も国内のことだけに目を向けてはいられなくなった。

それを反映したのが、一九九〇年『紅白』でのベルリンからの生中継である。冷戦の象徴であった「ベルリンの壁」が崩壊したベルリンの街に長渕剛が生中継で登場し、全三曲を歌った。その時間は約一六分間に及んだ。

これに関しては、長渕が番組中インタビューの際に発した「日本人、タコばっかり」発言ばかりが話題にされるが、『紅白』の歴史という点ではこれを契機に中継という手法が市民権を得たことが大きい。

それまで一堂に会した出場歌手が一夜限りの力のこもったパフォーマンスを届けるという原則が守られ、そのことが「合戦」という形式と相まって比類のない熱気を生んでいた。確かに中継は番組の演出の幅を格段に広げたが、シンプルな『紅白』の原点を揺るがせる側面を持っていた。

## SMAPが担った時代

こうして平成に入り、安定の象徴であった『紅白』は、不安定さの度合いを増していった。

そこには、平成初頭のバブル崩壊や一九九五年の阪神・淡路大震災、地下鉄サリン事件など、社会の根幹を揺るがすような一連の出来事も影響を及ぼしていただろう。高橋圭三の言葉を借りるなら、「ただの歌の番組ではない」「その年の特色、ニュース、世の中の流れなどを織り込んでいく」ことが、『紅白』という番組の宿命でもある。

そのなかで平成の『紅白』の中心的存在となったのがSMAPだった。

バブル崩壊の一九九一年にデビュー、初出場も果たしたSMAPは、計二三回出場。平成『紅白』の歴史はSMAPの歴史と言っても過言ではない。二〇〇三年には「世界に一つだけの花」でグループとして史上初の大トリとなり、またメンバーの中居正広は一九九七年に史上最年少の二五歳で白組司会になって以来、計六回司会を務めた。

ただ、SMAPが平成の『紅白』に果たした役割は、単なる数字上の記録を超えたより本質的なものである。

先ほど挙げた、平成になって起こった一連の出来事は、私たちの平穏な日常を足元から脅かすようなものだった。戦後の復興、そして高度経済成長によってようやく手に入れた安定した生活もずっと続くものではないことを、それらの出来事は私たちに実感させたのである。

別の言い方をすれば、それは、私たちが生きていくうえで不可欠なコミュニティの危機、家庭、地域、学校、職場など私たちの日常を支えるコミュニティの機能不全を意味していた。そしてそのことは、漠然とした不安、「生きづらさ」の感覚となって私たちに染み付いた。

ＳＭＡＰは、そうした私たちの不安にいつも寄り添い、失われたコミュニティの代わりとなるような存在であったと言える。だからＳＭＡＰがグループであること自体に、とても重要な意味があった。要するに彼らは、私たちの近くにあって「生きづらさの時代」をともに生きる究極のアイドルであった。

『紅白』は、そんなＳＭＡＰの真骨頂が発揮される貴重な場であった。「SHAKE」など華やかな楽曲の一方で、一九九五年には「がんばりましょう」、一九九八年には「夜空ノムコウ」を歌い、私たちの抱える不安にそっと寄り添った。二〇〇三年の「世界に一つだけの花」や二〇〇五年の「Triangle」は、なにかと序列を付け、争い合う世の中に対してメッセージを投げかけた。

そして二〇一一年。三月に東日本大震災が発生したその年の『紅白』で、ＳＭＡＰは大トリを務めた。被災地、そして日本全体に向かって訴えかけるような「not alone〜幸せになろうよ〜」から「オリジナルスマイル」へと続くメドレーで、会場は『紅白』ならではの一体感に包まれた。視聴者にもひしひしと伝わってきたその一体感は、平成の『紅白』、そして「生きづらさ」の時代をずっと担ってきたＳＭＡＰだからこそ生み出しえたのだと思える。

## 『紅白』の現在

では、平成も終わろうとするいま、『紅白』の現在をどう見ることができるだろうか?

目下のところ、二〇一〇年代で最も視聴率が高かったのは二〇一三年の四四・五パーセント(後半)である。実際、この年には記憶に残るさまざまな場面があった。

まず、事前に『紅白』からの勇退を発表していた北島三郎が組分けを超えた〝究極の大トリ〟を「まつり」で務めた。北島はちょうど出場五〇回目。実は初出場は、番組史上最高視聴率を記録した前述の一九六三年である。昭和から平成へ、『紅白』のサイクルが一巡りしたことを感じさせる出来事だった。

一方、生放送ならではのハプニングもあった。AKB48・大島優子のサプライズの卒業発表もそのひとつだが、世の中の動きを反映する『紅白』という点でも印象的だったのは綾瀬はるかの涙である。その日も素直な〝天然〟とも言える人柄を感じさせる司会ぶりで会場を沸かせていた紅組司会の綾瀬は、特別企画として東日本大震災復興応援ソング「花は咲く」を歌う際に涙ぐみ、歌えなくなってしまった。

そして特別企画の「あまちゃん」〝特別編〟があった。その年の朝の連続テレビ小説『あまちゃん』の劇中歌「潮騒のメモリー」を、出演者の能年玲奈と橋本愛、小泉今日子、さらに薬師丸ひろ子が歌い継いだ。小泉と薬師丸はいうまでもなくかつて一世を風靡(ふうび)したトップアイドルである。特に薬師丸はこのときが歌手としては『紅白』初出演。フィクションと現実がオーバーラップする名場面であった。

こうした場面からは、近年の『紅白』の傾向も見えてくる。歌合戦という基本は崩さないものの、それ以外の特別企画の比重が高まっている。歌手についても矢沢永吉や安室奈美恵のようにサプライズや特別枠として出演するパターンが目立ってきている。要するに、企画・演出優先の傾向が見受けられるのである。

その背景には、しばしば指摘される音楽状況の変化もあるだろう。誰もが知るヒット曲の減少傾向は進み、シンプルな歌合戦だけでよい時代ではなくなっている。それゆえ、最新テクノロジーによる視覚効果を駆使した近年のPerfumeや嵐のステージのように、毎回歌の見せ方に工夫が凝らされるようになった。

しかし一方で、音楽が聴かれなくなったわけではない。ライブシーンは盛況だし、インターネットでの配信や動画などで支持されているアーティストもいる。流行歌の発信源がテレビだけではなくなったということだ。

『紅白』もその状況を踏まえ、アニソンなど人気は高いが広い世代に知られているわけではないジャンルの音楽の紹介に努めているのがうかがえる。その意味では、『紅白』はその一年の振り返りというだけでなく、多様化する音楽シーンの最新状況を伝えるショーケース的役割も担うようになっている。

二〇一八年の最新の『紅白』にも、以上のような傾向は引き続き見出すことができる。

特別枠では北島三郎が「平成最後」ということもあって復活し、〝究極の大トリ〟でサザンオールスターズが「勝手にシンドバッド」と「希望の轍」という昭和と平成のヒット曲を披露した。そこに松任谷由実（そのステージでは司会者も知らなかったNHKホール登場というサプライズ演出があった）も加わり、最後はいかにも『紅白』らしい世代を超えた「お祭り」が繰り広げられた。

また、二・五次元ミュージカルの刀剣男士に声優ユニットのAqoursと、引き続きゲーム・アニメ系音楽への制作側の目配りも感じられた。さらにともにニコニコ動画出身という経歴を持つDAOKO、そして大きな反響を呼んだ米津玄師が初出場したことは特筆すべきだろう。それを見ても『紅白』のショーケース的性格はいっそう強まっている。

## テレビの総力が結集される番組

さて、最後にこれからの『紅白』について少しふれよう。

昭和の『紅白』は、最初に述べたように「戦後民主主義」的な男女平等の理念がベースにあったがゆえに「歌合戦」のスタイルになった。そこには公正な競争が表現されていた。

一方で平成になると、前述したように従来の社会のあり方や個々の生き方を見直そうとする傾向が強まり、多様性や共生ということが意識され始めた。それはたとえば男女対抗という根本部分にも再考を迫る可能性のあるものだ。しかし同時に『紅白』が時代とともにある番組である限り、そうなるのは避けられないことでもある。

いずれにしても、『紅白』がいま大きな転機にあることは間違いない。現在、二〇二〇年の東京オリンピック・パラリンピックを見据えた四か年計画が二〇一六年から進められているのも、おそらくスタッフ側にもどこかにその意識があるからだろう。

とはいえ、ここまで述べてきたようにこれまでも転機はたびたびあった。ただそれでもそれらが乗り越えられてきたのは、『紅白』がテレビの持つ総力を結集した唯一無二の番組だからである。そして視聴者も、惰性に陥ることなくその巨大な熱量をいま一度正面から受け止めてみることが必要ではあるまいか。新しい時代の『紅白』は、きっとそこから始まるはずだ。

## 2 「東京」から「TOKYO」へ――東京ソング変遷史

### 歌は東京につれ……

最近のヒット曲を眺めていると、地名の入った曲がめっきり減ったことに気づく。それに比べれば、戦後直後から八〇年代までのヒット曲には、歌謡曲、フォーク、ニューミュージックといったジャンルを問わず、歌のなかに地名があふれていた。たとえば、歌謡曲には「ご当地ソング」があり、日本全国各地の地名がタイトルについたヒット曲があった。もちろんそのなかには、東京や東京の地名が入った曲も数多くあった。

だが歌のなかの「東京」というワードには、それ以上の特別な意味合いもあった。東京は地方に住む若者にとって憧れの「花の都」であり、時代の最先端を行く流行の発信地でもあった。また華やかな恋愛模様が繰り広げられるかと思えば、上京した人間がつらい挫折を経験する場所でもあった。

その背景には、東京という街の歴史、ひいては戦後日本社会の歴史があるだろう。敗戦から復興、高度経済成長を経て八〇年代の爛熟した消費文化、そして平成に至るまで、東京は常に変化を続ける時代の中心であり、それゆえさまざまな歌の物語が紡がれる舞台になった。

その意味で、「歌は世につれ世は歌につれ」というおなじみのフレーズは、東京ソングにこそ、ふさわしいものかもしれない。以下では、その東京ソングと世の動きの関わりを、時代を追ってみていくことにしよう。

## 焼け跡の光と影――復興期（一九四五―五四）の東京ソング

歌は、一面の焼け野原のなか、途方に暮れた人々を元気づけた。並木路子「リンゴの唄」（一九四六年）は、あまりにも有名だ。一九四五年一〇月、終戦直後に封切られた戦後初の映画『そよかぜ』の挿入歌である。映画は、並木路子演じる少女が、東京の劇場で歌手デビューするまでを描いた物語だった。

この劇中の少女のように舞台で活躍する歌手だったのが、笠置シヅ子である。その笠置が一九四七年有楽町日劇の舞台で初披露し、大ヒットしたのが「東京ブギウギ」（一九四八年）であった。それまで歌手は、直立不動で歌うのが常であった。だが笠置は、作曲の服部良一が生みだす明るいブギウギのリズムに合わせ、舞台上をダイナミックに動き回りながら歌い踊った。その姿は、戦後の解放された気分と見事にマッチした。

服部は、他にも「銀座カンカン娘」(一九四九年)など、ブギウギを基調にしたヒット曲を次々に世に送り出した。この「カンカン」は、「パンパン」、つまり当時の進駐軍兵士相手の娼婦の存在への怒りから生まれた造語であったと言う。だがそうした娼婦たちの多くは、戦争で夫を失い経済的に困窮した女性たちでもあった。同様に病気で夫を失い、女手一つで子育てをしていた笠置の日劇のステージには、連日客席で応援する娼婦たちの姿があった(砂古口早苗『ブギの女王・笠置シヅ子』現代書館、二〇一〇年、九四頁)。

その笠置シヅ子の物真似で天才少女歌手として評判を呼んだのが美空ひばりであるのは、芸能史的には有名な話だろう。その後プロ歌手となった美空が、同名主演映画の挿入歌として歌いヒットしたのが「東京キッド」(一九五〇年)である。一三歳の美空は、靴磨きの少女を演じた。当時駅のガード下などには、靴磨きをして生計を立てる身寄りのない戦災孤児たちがいた。そんな靴磨き役の美空が「右のポッケにゃ　夢がある　左のポッケにゃ　チュウインガム」と歌う姿には、子どもだからこそ表現できる暗い境遇のなかでの希望の光があった。

その頃、世の中も復興へ向けて大きく動き始めていた。一九五一年サンフランシスコ講和条約が締結されて日本は独立を回復した。また一九五〇年に勃発した朝鮮戦争は、冷戦体制による国際的緊張を生む一方で日本に特需をもたらし、経済成長への足がかりにもなった。

一九五一年には第一回の『ＮＨＫ紅白歌合戦』も始まっている。その後、一九五三年のテレビ中継開始と同時に大晦日の放送になった。テレビは一九五九年の皇太子ご成婚をきっかけに急速に普及するが、『紅白歌合戦』もまた、この頃から「国民的番組」と呼ばれるようになる。流行歌とテレビの関係は、より密接なものになっていった。

## 上京と望郷の物語　――高度経済成長期（一九五五―七三）の東京ソング（その一）

一九五六年の経済白書は、「もはや「戦後」ではない」と記し、話題となった。朝鮮戦争による特需もあり、一九五五年に一人当たりの実質国民総生産が戦前の経済水準にまで回復した事実をこう表現したのである。流行語となったこのフレーズは、国民の間にこれからもさらに経済成長が見込めるというポジティブな気分を醸成した。

そしてその期待は現実のものになる。この頃数年間続いた好景気は「神武景気」と呼ばれ、ここから一九七三年のオイルショックで終わりを告げるまでの一九年間に及ぶ高度経済成長期が幕を開けた。生活水準も上昇し、人々はそれまでは手の届かなかったものに目を向けるようになった。その象徴として、白黒テレビ、洗濯機、冷蔵庫のいわゆる「三種の神器」が登場する。

東京は、地方から人々が訪れる観光の街として活気づいた。「はとバス」が東京の名所を回る人気ツアーになるのも、この頃からである。「明るく明るく　走るのよ」という詞が印象的な初代コロムビア・ローズ「東京のバスガール」(一九五七年)は、この「はとバス」の女性ガイドをモデルにしたとされる。

また島倉千代子「東京だョおっ母さん」(一九五七年)は、観光する側から東京を描いた歌だ。東京見物をする母子の二人は、皇居の二重橋で記念写真に収まり、浅草で観音様にお参りをする。ところが、九段坂の靖国神社では、戦死した兄を涙ながらに追慕する。その意味でこの歌からは、経済的には「もはや「戦後」ではない」としても、心の傷はまだ癒えていないという当時の国民の気持ちの一端を知ることができる。

一方、観光ではなく就職で上京する人々も増えた。安保闘争後、池田内閣の所得倍増計画が打ち出された一九六〇年代、日本は〝奇跡〟とも呼ばれる経済成長を遂げ、六〇年代後半にはGNP世界第二位まで上りつめる。その間、慢性的に不足する労働力の供給源となって経済成長を支えたのが、中学を終えたばかりで地方から集団就職で上京し、工場や商店で働く一〇代の若者たちだった。

そんな若者たちは「金の卵」ともてはやされる一方で、親元を離れて慣れない仕事に耐えなければならなかった。そしてそうした時に沸き起こる望郷の気持ちを歌ったヒット曲が数多く生まれる。

そんな望郷ソングを代表する一曲が、井沢八郎「あゝ上野駅」(一九六四年)である。上野は、集団就職で上京する若者たちにとっての東京の表玄関であった。この歌の主人公は、仕事がつらくなると就職列車で到着した上野駅に足を運び、国なまりに耳を澄ます。そして故郷の両親に思いを馳せながら、もう一度頑張ろうと自分を元気づけるのである。

北島三郎の代表曲のひとつ「帰ろかな」（一九六五年）の主人公も、故郷を離れて東京で働いている。やはり残してきた親のことが気になる。ただこちらは故郷には帰らず、東京で結婚して親を迎えようかと考えるところが新しい。一九六〇年代前半は、若い世代が結婚して都会に居を構える傾向が進み、「マイホーム」という言葉も流行し始めた時期であった。

付け加えれば、永六輔作詞・中村八大作曲のこの「帰ろかな」は、当時を代表するバラエティ番組であるＮＨＫ『夢であいましょう』の「今月のうた」で披露された。このコーナーからは他に坂本九「上を向いて歩こう」（一九六一年）や梓みちよ「こんにちは赤ちゃん」（一九六三年）も生まれた。テレビ発のヒット曲が生まれる時代が到来していた。

## 変貌する東京のなかで　――高度経済成長期（一九五五―七三）の東京ソング（その２）

高度経済成長期、東京は時代の最先端を行く流行の中心としても存在感を増していく。所得が増え、生活にある程度の余裕が生まれると、娯楽や遊びに人々の目は向き始めた。石原慎太郎『太陽の季節』（一九五六年）や加山雄三の若大将シリーズ（一九六一年から）が人気となり、「レジャー」という言葉が広まったのも、この時期であった。

そんな消費文化の幕開けを歌の面で象徴していたのが、フランク永井「有楽町で逢いましょう」（一九五七年）である。この曲は、有楽町に出店することになった関西のデパートそごうが展開するタイアップキャンペーンの一環として生まれた。雑誌『平凡』に同名小説が連載され、大映で映画化もされた。いわゆるメディアミックスの走りである。有楽町でデートをする男女を描いた歌詞には、「デパート」はいうまでもなく、「ティー・ルーム」、「ロードショー」など当時最新の流行や風俗が登場する。

そうした東京の新しい風景は、東京オリンピックをきっかけとする大規模な再開発によってもたらされた面も大きかった。一九六四年一〇月の開催を控えて、東海道新幹線や首都高速道路の開通や近代的なホテル建築などで、大きく東京の街並みは様変わりした。

東京オリンピックには、敗戦した日本が復興したことを国際社会に宣言するお披露目の意味合いもあった。古賀政男作曲の「東京五輪音頭」(一九六三年)は、そうした国全体の高揚感のなか、各社競作で発売された。そのうち最もヒットしたのが、三波春夫のものだった。これをきっかけに、一九七〇年の大阪万博テーマソング「世界の国からこんにちは」(一九六七年)もミリオンヒットになるなど、後々三波は「国民的歌手」と呼ばれるようになる。

変貌する東京を背景に、東京の「ご当地ソング」も続々生まれた。石原裕次郎・牧村旬子「銀座の恋の物語」(一九六一年)、和泉雅子・山内賢「二人の銀座」(一九六六年)のような人気映画スターによるデュエットソング、渡辺マリ「東京ドドンパ娘」(一九六一年)のようなリズム歌謡、ザ・ピーナッツ「ウナ・セラ・ディ東京」(一九六四年)のようなポップス調の曲、フランク永井・松尾和子「東京ナイト・クラブ」(一九五九年)、黒沢明とロス・プリモス「ラブユー東京」(一九六六年）のようなムード歌謡など実に多彩な楽曲がつくられたが、やはり主流は青江三奈「池袋の夜」（一九六九年）、藤圭子「新宿の女」（一九六九年）などの演歌の「ご当地ソング」であった。それらの曲は、夜の街に働く水商売の女性たちなど、高度経済成長の流れに乗ることができず、世間の片隅に追いやられるかたちになった人々の気持ちの受け皿になった。

藤圭子は、全共闘世代の若者たちの間にも人気があった。一九六九年に安田講堂が陥落、七〇年には三島由紀夫が陸上自衛隊市ヶ谷駐屯地で自決する。そんな騒然とした世情の一方で、同じ七〇年には「人類の進歩と調和」をうたった大阪万博が六〇〇〇万人を超える入場者を集めて盛況のうちに幕を閉じた。そうしたなかで学生運動は沈静化し、少なからぬ若者は挫折感に襲われた。その心境に響いたのが、作家・五木寛之が「怨歌」と形容した藤圭子の暗い情念を感じさせる歌声だった。

## 東京をめぐる新しい詩情　――七〇年代の東京ソング

一九七〇年代に入り、若者たちを惹きつけたのが、当時台頭したフォークのミュージシャンたちだった。全共闘世代のすぐ後に続く世代の若者は、〝政治の季節〟が終わって政治的関心も薄く、「シラケ世代」とも「無気力・無関心・無責任」の「三無主義」とも呼ばれた。そしてこの世代の交代に合わせるように、フォークは、反体制文化を担う社会的メッセージの色濃い音楽から、歌謡曲に拮抗するポピュラーな音楽へと変わっていった。

吉田拓郎、井上陽水らとともにそうしたシーンを牽引したのが、かぐや姫である。「神田川」（一九七三年）は、上村一夫の劇画『同棲時代』（一九七二年）が火付け役となって流行した若者たちの同棲生活を情感たっぷりに歌い、爆発的なヒットになった。

そうした若者の典型は、地方から上京し、アパートでひとり暮らしをする大学生たちだった。大学進学率も高まり、若者の上京の理由も集団就職の時代とは大きく違っていた。かぐや姫のメンバー伊勢正三が作り、イルカがカバーして大ヒットした「なごり雪」（一九七四年）も、同じ「東京と地方」という構図ではあるが、高度経済成長期の「あゝ上野駅」のように切実な望郷の思いを表現したものではなく、東京のどこかの駅での若い男女の別れの場面を切なくも淡いタッチで切り取ったものだった。ジャンルは異なるが、野口五郎「私鉄沿線」（一九七五年）の詞にも同じ時代の匂いが感じ取れる。

一方、上京した人間の視点からではなく、東京やその近郊で生まれ育ったミュージシャンが、自分たちの街として東京を歌い始めた。その音楽はニューミュージックと呼ばれ、それまでにない都会的な香りを持つ音楽として流行歌の大きな潮流となっていく。

ここで作詞家・松本隆の名を挙げないわけにはいかないだろう。松本は、細野晴臣、大瀧詠一、鈴木茂とともに結成したロックバンド、はっぴいえんどのドラマーであり、作詞も担当していた。歴史的名盤との評価も高いアルバム『風街ろまん』（一九七一年）には、後に歌謡曲の作詞家として一時代を築く松本のエッセンスがすでにある。

東京・青山生まれの松本隆は、東京オリンピックによる再開発で実家が立ち退きを迫られ、故郷を失った。その故郷喪失感を松本は「風街」という浮遊感あふれるイメージに託したのである。その感覚は、村上春樹のデビュー作『風の歌を聴け』（一九七九年の刊行だが、小説の舞台は一九七〇年である）の世界と響き合っていると言えるかもしれない。

根無し草であることを自覚する松本は、生まれ育った街でありながら、目まぐるしく変貌する東京をどこか醒めた目で観察する。歌謡曲の世界に転身した松本の初期の代表曲である太田裕美「木綿のハンカチーフ」（一九七五年）でも、主人公の女性は「都会＝東京」に行った男性との別れを悲しみながらも、それを未練いっぱいに引きずることはない。最終的には彼に対してどこかクールさえ漂う。「変わってくぼくを許して」と彼女に謝る彼は、松本自身が見ていた東京のメタファーと取れなくもない。

同じ松本の詞による中原理恵「東京ららばい」（一九七八年）になると、そのクールさはいっそう際立ってくる。午前三時の東京湾岸の店のカウンターや午前六時の山の手通りでの一夜の男女の逢瀬を綴った歌詞は、八〇年代のオシャレさを先取りしていると同時に、東京という都会ならではの孤独感と空虚感を鮮やかに浮き彫りにする。

東京・八王子生まれの荒井由実（松任谷由実）もまた、新しい東京の詩情を歌ったミュージシャンのひとりだ。

たとえば、「中央フリーウェイ」（一九七六年）には、調布基地、競馬場、ビール工場と、彼女自身がよく親しんでいたはずの東京の郊外の風景が歌われている。ここに出てくる米軍基地の存在は、福生を舞台にした村上龍の芥川賞受賞作『限りなく透明に近いブルー』（一九七六年）にも共通する戦後史の残響のようなものを感じさせなくもない。だがこの曲の場合、何か思い入れがあるわけではなく、基地はドライブする二人の気分を盛り上げる風景の一部に溶け込んでしまっている。「中央自動車道」がカタカナ混じりの「中央フリーウェイ」と呼び換えられるところからも、そこには「東京ららばい」と同じように八〇年代の「オシャレな街・東京」への助走がすでに始まっているのが感じられる。

## 消費都市ＴＯＫＹＯ――八〇年代の東京ソング

一九八〇年一月一日に発売されたのが、沢田研二『ＴＯＫＩＯ』（一九八〇年）である。電飾を光らせ、パラシュートを背負って歌うジュリーの華やかな姿は、今でも記憶に鮮やかだ。歌詞もまた、東京を斬新な視点で描いていた。「空を飛ぶ 街が飛ぶ 雲を突きぬけ 星になる」と始まる糸井重里の詞のなかで、東京はまるでそれ自体一個の巨大な生命体であるかのようだ。人ではなく、ＴＯＫＩＯという都市そのものが主役になったのである。そうした近未来的なＴＯＫＩＯの響きは、ＹＭＯが「テクノポリス」（一九七九年）ですでに予告していたものでもあった。

八〇年代に入り、日本は爛熟した消費文化の時代を迎えていた。高度経済成長が達成した豊かさは総中流意識を定着させ、誰もが他人並に欲望を満たそうとするようになった。

そんな時代の中心にあったのが、オシャレなものが過剰なほどに揃った消費都市TOKYOだった。流行最先端のブランドや音楽、ファッションに取り囲まれた東京暮らしの女子大生の生活を描いた田中康夫『なんとなく、クリスタル』(一九八〇年)がベストセラーになる。DCブランドブームが起こったのもこの頃だ。そして広告業が時代の先端を行く業界と目され、コピーライターが花形職業になった。西武百貨店のイメージ広告「不思議、大好き」「おいしい生活」で有名になった糸井重里はそのパイオニア的存在でもあった。

さらにそうした遊び感覚重視の時代のなかで、芸能界では松田聖子やたのきんトリオなどが登場し、アイドルの時代が始まる。たのきんトリオのひとりである田原俊彦が歌った「原宿キッス」(一九八二年)は、八〇年代アイドルが歌った東京ソングのひとつだ。当時原宿は、若者たちが独特の衣装と振り付けで踊る竹の子族のメッカだった。買い物客の少女たちで賑わう竹下通りとともに、ティーンが主役の新しい消費文化を代表する街になっていた。

アイドルとともに、お笑い芸人も時代の寵児になった。八〇年代初頭に漫才ブームが起こり、その後タモリ、ビートたけし、明石家さんまの「お笑いビッグ3」を中心とするお笑いの時代が始まる。

そのなかで歌手としても異彩を放ったのが、とんねるずである。二人は秋元康を作詞に迎え、ヒット曲を連発した。そのブレークのきっかけになった一曲が「雨の西麻布」(一九八五年)である。当時西麻布はまだ有名繁華街ではなかったが、それをあえてタイトルにチョイスした。つまりこの曲は、演歌を模した「ご当地ソング」のパロディソングだった。そこには、藤圭子の歌にあったような情念の世界はない。その重さは、パロディの軽さのなかで相殺されてしまう。後に残るのは、一種の空虚さ、明るい虚無感である。

だがそうした明るい虚無感が、八〇年代の消費都市TOKYOならではの情感を生むことがなかったわけではない。たとえば、そのような一曲として思い浮かぶのが、アン・ルイス「六本木心中」(一九八四年)である。

八〇年代中盤に訪れたバブル景気は欲望を過熱させ、狂騒的な空気を世間にもたらした。その象徴となったのが、麻布十番の「マハラジャ」など六本木周辺に集結していたディスコであった。

つまり、「六本木心中」は、最先端の流行の発信地となった「六本木」と暗い情念を想像させる「心中」という、相反する言葉を組み合わせたタイトルである。それをアン・ルイスが極彩色の衣装に身を包み、ロックテイストで歌った。この楽曲は、旧来のご当地ソングでもオンャレなニューミュージックでも掬い取れない明るい虚無感のなかにふと生まれるセンチメンタルな感情を表現していた。それは八〇年代の消費都市TOKYOにしか生まれえなかった情感であったように思う。

一九九〇年前後は、大きな戦後史の転換が重なった。一九八九年に昭和が終わるとともに冷戦が終結し、一九九〇年代に入るとバブルも崩壊した。そして歌謡曲も、こうしたいくつかの終わりの重なりに歩調を合わせるように衰退に向かう。同時に「ニューミュージック」という言葉もあまり聞かれなくなっていった。それらに代わって「J‐POP」という目新しい表現を私たちが耳にし始めるのは、一九九〇年代に入って数年経ってからだ。

こうして始まった平成には、流行歌のなかの東京にも変化があった。もちろん東京を歌った曲がなくなるわけではないし、心に残る曲は今も作られている。たとえば、一九九〇年代前半の「渋谷系」を代表する一組、ピチカート・ファイブによるオシャレさと虚無感が同居したような「東京は夜の七時」（一九九三年）、上京した地方出身者の抱える複雑な気持ちと遠距離恋愛の彼女への微妙な距離感とが重なるロックバンド・くるりのメジャーデビュー曲「東京」（一九九八年）。ほかにもあるだろう。

だが東京という街が発散していた特別なオーラと存在感は、「東京は夜の七時」でデートするはずの二人が「待ち合わせたレストランは　もうつぶれてなかった」と吐露するように、一九九〇年代以降少しずつ薄れていったと言ってよいだろう。今になって思えばそのオーラと存在感は、ここまで見てきたような戦後の歴史のなかでこの街が帯びた巨大な熱量がもたらしたものだったのかもしれない。一九九〇年代の東京ソングが歌い始めたのは、それが薄れた後に見えてきたそれぞれの人びとにとっての東京のフラットな日常である。それはやはり、歌謡曲時代の東京ソングのヒット曲が歌ったものとは異なる風景である。

とはいえ、二〇二〇年の東京オリンピック・パラリンピック開催が決定して以来、少しずつ変化の兆しが感じられなくもない。

たとえば、サザンオールスターズの「東京VICTORY」(二〇一四年)は、文字通り開催誘致の成功を受けてのタイミングで発売された。「夢の未来へ」や「恋の花咲く都」といったポジティブなフレーズが散りばめられた歌詞は、その言葉のチョイスがどこか歌謡曲的でもある。また三代目J Soul Brothersの「Welcome to TOKYO」(二〇一六年)も、東京で夢を追いかけ実現しようと歌いかけてくる。これらの東京ソングには、まるで昭和の活気がよみがえったかのようだ。

しかしもう一方では、東京を醒めた眼で見つめるような楽曲もある。Perfume「TOKYO GIRL」(二〇一七年)は、東京を「平凡を許してくれない水槽」と表現し、そのなかで夢を追う若者を「情報を掻き分ける熱帯魚」に例える。そこに浮かび上がるのは、そこで暮らす人間になんとも言えない焦燥をかきたてる東京という街だ。

シングルではなくアルバム収録曲ではあるが、欅坂46「東京タワーはどこから見える?」(二〇一七年)も興味深い。これは曲としては失恋ソングなのだが、そこでの東京タワーの位置づけが一筋縄ではない。主人公はかつて恋人と一緒に見た景色のなかにあると思い込んでいた東京タワーが実はなかったことに気づく。つまり、東京タワーの記憶は美化されたものだった。東京は決して「恋の花咲く都」ではなかったのだ。

こうした〝東京幻想〟を歌う曲は、昭和ならフォークシンガーが切々と歌ったのではあるまいか。ところがいまは、アイドルグループがそれをさらっと歌う。そこに平成の現在を読み解くヒントがきっとあるに違いない。

## 3　漫画家アイドル・赤塚不二夫　――ナンセンスを生きるということ

### コスプレする漫画家

街中の人々の視線が集まっている。その先にいるのは、腹巻にステテコ、ねじり鉢巻きを身につけ、鼻の下にひげを描いた満面の笑みの男性。「バカボンのパパ」のコスプレをした赤塚不二夫である。写真を撮影したのは荒木経惟。その荒木も登場する『赤塚不二夫対談集　これでいいのだ』（メディアファクトリー、二〇〇八年）に収められた一枚だ。

『天才バカボン』が初めて「週刊少年マガジン」に掲載されたのが一九六七年。そして一九七一年にはよみうりテレビ制作によるアニメ化第一作が始まった。当時ちょうど子どもだった私のような世代は、「ギャグ」や「キャラクター」の突き抜けた面白さというものを『天才バカボン』という作品から初めて学んだように思う。

ところで、同じくこの一九七一年に始まり、やはり後の時代に大きな影響を及ぼしたもうひとつのテレビ番組がある。オーディション番組『スター誕生！』（日本テレビ系）である。この番組から、「花の中3トリオ」と呼ばれた森昌子、桜田淳子、山口百恵、さらにはピンク・レディーなど人気アイドルが続々誕生した。

それは同時に、「アイドル」という概念の歴史的転換点でもあった。

この番組の企画者であり審査員でもあった作詞家・阿久悠の次の言葉は、現場のスタッフにもその感覚があったことを物語る。「ぼくらは、アイドルとは、エルビス・プレスリーであり、長嶋茂雄であり、人気、実力のほかに説明し難いカリスマ性を備えている人がそう呼ばれる、と信じていた世代であるから、「スター誕生」から次々と巣立って行った人気の少女歌手たちのことを、アイドルと呼んだことはなかった」（阿久悠『夢を食った男たち』文春文庫、二〇〇七年、一二六頁）。

本来「偶像」として崇拝の対象になるような、自分たちとはかけ離れた存在であったものが、一転して自分たちにごく身近な愛される存在を意味するようになる。そんな「アイドル」という概念の逆転が起こったのが、ちょうどこの七〇年代初頭だったのである。

阿久悠（一九三七年生まれ）と二歳しか違わない赤塚不二夫（一九三五年生まれ）も、その点同時代の子どもだったと言えるかもしれない。

とはいえ、赤塚が阿久のようにアイドルをプロデュースしたり、独自のアイドル論を語ったりしたわけではない。むしろ「赤塚不二夫」という存在自体が、この七〇年代という転換期にふさわしい「アイドル」だったのではあるまいか。

一方では「ギャグ漫画の王様」として崇拝の対象であった赤塚不二夫は、もう一方で冒頭にふれた写真のように、自ら「バカボンのパパ」のような愛されるキャラクターになろうとした。

実際、一九七〇年代後半に刊行された自叙伝のなかで赤塚は、「ぼくは〝漫画をかきながら生きる〟ことと〝漫画のように生きる〟ことを両立させようとしてきた」（赤塚不二夫『笑わずに生きるなんて』海竜社、一九七八年、二五〇―二五一頁）と書いている。その頃の赤塚は、親しい友人らとともに後述の「面白グループ」を結成し、ステージでのパフォーマンスに傾倒した時期でもある。そこには作家ではなく演者としての赤塚不二夫の顔がある。本章では、そんな赤塚不二夫の生き方に「アイドル」という観点から光を当ててみたい。

## 方法としてのナンセンス

人はなぜアイドルを好きになるのだろうか？

「可愛い」から？　「かっこいい」から？　そもそもアイドルを好きになるのに理由などないと答える人も多いかもしれない。そういう意味では誰かを「可愛い」とか「かっこいい」とか思うことにも理屈はない。つまり、アイドルを好きになることに意味などないのだ。

その裏側には、意味というものに対して私たちが感じている本質的な重さがあるように思える。

一つひとつの行動や言葉にはちゃんとした意味がなくてはならない、さらには人生には深遠な目的や意義がなければならないという〝常識〟は、私たちの生き方を時にがんじがらめの重苦しいものにする。

それを「真面目さ」を尊ぶ価値観と言ってもいい。そうした価値観は、高度経済成長期の日本社会においてとりわけ重視された。戦後からの復興を成し遂げるための「勤勉さ」は、いつしか日本人の特長であると日本人自らが思い込むようになった。だが他方で、そうした価値観に対する暗黙の反発もあったに違いない。一九六〇年代前半、植木等が主人公を演じて大ヒットした映画「無責任シリーズ」は、その表れであろう。「勤勉さ」などとはおよそ無縁なのに調子と要領の良さだけでなぜか出世してしまう植木は、いつもスクリーンから飛び出さんばかりに軽やかだった。

七〇年代初頭、つまり高度経済成長期の末期に誕生した「アイドル」もまた、そんな意味づけの重苦しさや煩わしさを忘れさせ、私たちのこころを身軽にしてくれる存在だったのではなかろうか。意味づけしないことを許してくれる存在、そして自身も意味づけなど必要としない存在。それがアイドルなのだ。

赤塚不二夫も同じように、意味の重力から解き放たれることを一生かけて追求したと言える。

一方でその追求は、当然ながら彼の創作活動に表れた。

手塚治虫の『ロストワールド』に衝撃を受け、漫画家を目指し始めた赤塚不二夫の最初の週刊誌連載となったのが『おそ松くん』である。それまでのギャグ漫画は、日常生活のなかでのほのぼのとしたユーモアが中心だった。そのことに不満があった赤塚は、アメリカのコメディ映画を参考にスラップスティック（ドタバタ）ものができないかと考えた。

そうして『週刊少年サンデー』誌上で始まったのが、主人公が六つ子という『おそ松くん』だった（同書、八一―八二頁）。一九六二年のことである。記念すべき第一回の内容は、空巣に入ったつもりの双子の泥棒が六つ子に遭遇して驚きのあまり、捕まってしまうというもの。双子に対比させるかたちで、主人公なのに六つ子の見分けがつかないという斬新な設定を早速生かしたものだった。

さらに『天才バカボン』では、常識の世界を拒絶するようなナンセンスがさらに徹底された。それはいわば、面白ければなんでもありの世界だ。バカボン一家四人を中心にしたホームコメディのようでありながら、回によって舞台が突然宇宙になったり動物が人間と普通に会話したりと、設定の飛躍やシュールとも言えるギャグの連続で、読者にいちいち意味を考える暇を与えない。

そのなんでもあり志向は、赤塚が「オレが最後に描いた本当にナンセンスの漫画」「自分でいちばん好きな漫画」（武居俊樹『赤塚不二夫のことを書いたのだ!!』文春文庫、二〇〇七年、三〇一頁）と称する一九七一年『週刊少年サンデー』連載開始の『レッツラゴン』で極限にまで達するが、「何が何だかわからないけれど面白い」――というものをぼくは描いてみたかった」という赤塚自身の言葉が、赤塚作品全般を貫く哲学を雄弁に物語っている（前掲『笑わずに生きるなんて』、一七七頁）。

## キャラクターのアイドル化

興味深いのは、そうしたナンセンスの追求が登場人物の序列をも狂わせていったように見えることである。赤塚作品では、主人公よりも脇役が注目され、人気者になっていくという現象がしばしば起こった。主人公が中心になって作品の構造を支えるという常識もまた、意味をなさなくなるのである。

その先駆的キャラクターは、いうまでもなく『おそ松くん』のイヤミである。六つ子の父親の旧友として登場したイヤミは、徐々に「おフランス帰りのキザな男」というキャラクターで定着するようになる。そしてそのキザな面を強調するアクションである「シェー」が独特のポーズとともに大流行したのもよく知られる通りだ（泉麻人『シェーの時代』文春新書、二〇〇八年、一二八―一三一頁）。

そうして人気者と化したキャラクターは、元々の設定から解き放たれ、自立した一個の存在になってさまざまな場面に登場するようになる。たとえば、『おそ松くん』で忠臣蔵のパロディがあれば、イヤミが吉良上野介に扮し、別の脇役であるデカパンが大石内蔵助役を演じる、というように。

この点については、ダウンタウンの松本人志も赤塚不二夫と対談した際に指摘している。「『おそ松くん』でもたまぁに忠臣蔵になったりするじゃないですかぁ（笑）。（中略）『おそ松くん』のなかでおそ松くんが演じるというか、そのまま忠臣蔵になるということは、おそ松くんは完全に一人歩きしているというか、もう役者になってるんですよねぇ」。

それに対して赤塚は、そのようなキャラクターは「映画スターと同じ」と述べている(前掲『これでいいのだ』、二三九頁)。赤塚によれば、その元祖は手塚治虫である。『鉄腕アトム』のヒゲオヤジが、別の作品にも出てきて色々な役をやったことがヒントになっている。

『天才バカボン』のバカボンのパパもまた、そんなキャラクターのひとつだ。バカボンのパパは主人公バカボンの父親であり、本来であれば脇役である。にもかかわらず、バカボンのパパの方が圧倒的に人気を得て作品を代表する存在になった。そのあたりはイヤミと同じである。

ただ、バカボンのパパの場合、イヤミとは異なる部分もある。そのことをやはり松本人志が指摘している。「『天才バカボン』の凄いところは、バカボンがかなりバカなわけですよね、なのにその息子を親父が更に超えてしまってる(笑)。ボケが二人いるわけですからねぇ、凄いと思いますよ」。赤塚もまた、「バカボンってそうなんだよねぇ。いつの間にか主人公がいなくなっちゃったんだよ(笑)。パパがバカ過ぎて、バカボンの立場がなくなっちゃったんだよな」とその意見に同意する(同書、二四七頁)。

ここには、「キャラクターのアイドル化」が発見できる。そしてこの場合の「アイドル」にも、先述したような七〇年代という転換期ならではの二重の意味合いがあることがわかる。

一方で人気を得たキャラクターは、私たちとは別世界にいる映画スターのようである。それは、実在の銀幕のスターたちがそうであるようにさまざまな役柄を演じて私たちを楽しませてくれる。

だがもう一方で、そうしたキャラクターは、私たちにとってごく身近な存在でもある。それは、落語に登場する与太郎のようにボケキャラの極致として愛される存在であり、その典型がバカボンのパパである。

その存在は、確かに赤塚自らが生み出したものである。しかし、いったんそれがアイドルとして自立するや、今度は生みの親である赤塚自身の「漫画のように生きる」ことへの欲望を決定的に刺激したのではあるまいか。冒頭にも触れたバカボンのパパのコスプレは、その証しである。

## 「バカ」という生き方

実際、赤塚不二夫は、コスプレのみならず実人生においてもバカボンのパパになりきろうとするかのように「バカ」を実践した。

その際、酒は赤塚にとって欠かせないものだった。酒がもたらす酔いが、「バカ」をやるうえでの敷居を低くしてくれるということもあっただろう。しかしより重要なのは、スナックや飲み屋という人が集まる「場」であった。

赤塚にとって酒場は、日頃の個人的な憂さを晴らしに行くところではない。「飲み屋っていうのは、そのときそこにいる客と店のヤツがいっしょになって、同じ空間、同じ空気を共有するから楽しい」と赤塚は言う（赤塚不二夫『酒とバカの日々』白夜書房、二〇一一年、二一頁）。そしてそのためには、ただ楽しむだけでなく、周囲を楽しませることが必要と赤塚は考える。「自分たちだけ楽しむ、というんならそんな苦労はしなくてすむけど、知らない人をも楽しませるということになると、ただの悪ふざけじゃだめなんだ。どこかで芸になっていないとな」（同書、一一〇頁）。つまり、酒場はエンターテインメントの空間なのだ。

タモリとの出会いは、その点計り知れないほど大きな転機であった。ジャズピアニストの山下洋輔らがまだ福岡にいた素人のタモリを東京に呼び寄せたのが一九七五年。山下らと飲み仲間であった赤塚はタモリの芸を見てたちまち惚れ込んだ。それまで「ケツ出したり、身体中にラー油塗ったりして盛り上がってただけ」（前掲『これでいいのだ』、九頁）だった酒場の空間は一変し、タモリを交えたグループによる宴会芸的エンターテインメントの世界が繰り広げられるようになった。

たとえば、SMローソクショーは、そのひとつだ。赤塚がマゾの女役、タモリがサドの男役。両方とも真っ裸になって、タモリがズボンのベルトを肩のあたりに巻いたりして雰囲気を出す。そしてタモリがローソクのロウを赤塚に垂らし、赤塚がタモリにすがりついたり、もだえたりする。それ見たさに毎週、店の客がどんどん増えていったと言う（前掲『酒とバカの日々』、五六―五七頁）。

そうしたエンターテインメントは、路上でも繰り広げられた。たとえば、街中の店の前に置いてある段ボール箱に小さな穴を開けて一〇人くらいで被って、足が見えないように低い姿勢のまま行列する。なかには面白がって同じように段ボールを持って加わってくる人間もいたと言う（同書、一〇七―一〇八頁)。

そしてついには一九七七年、赤塚はタモリ、高平哲郎、滝大作らとともに「面白グループ」を結成。宴会芸的エンターテインメントは舞台、映画、出版の分野にまで進出していった。「飲み屋でみんながいろんな芸やってると、それをみんなに見せたくなるんだよ、こんなバカもあるんだよって感じで。だからしょっちゅう渋谷公会堂とかいろんなところでイベントやってたんだ」(同書、一二二―一二三頁)。一九七七年一一月に渋谷公会堂で開催された『輝け！ 第一回いたいけ祭り』を皮切りに、〝赤塚不二夫のギャグ・ポルノ〟と銘打った日活ロマンポルノ『気分を出してもう一度』(一九七九年)、喜劇映画『下落合焼とりムービー』(一九七九年)の企画・製作・出演、当時のベストセラー『アノアノ』のパロディ本『ソノソノ』(一九八一年)の出版と同グループの活動は続いていった(高平哲郎『ぼくたちの七〇年代』晶文社、二〇〇四年を参照)。

こうして「バカ」をやり続けた赤塚が、自分を上回る「天才的バカ」として敬愛したのがコメディアンの由利徹である。紫綬褒章をもらった際の会見で「どういうお気持ちですか」と聞かれ、「あー、女、抱きてえ」と答えた由利のなかに、「一生バカをやり通したい精神」を赤塚は見る(前掲『酒とバカの日々』、一七〇―一七二頁)。

だが由利徹に言わせれば、逆に赤塚との出会いが「バカな事ばかり言うようになった」きっかけだった。そして赤塚のことをこう評する。「俺(引用者注：由利のこと)は舞台でバカをやってもすぐ素に戻れるけど、不二夫ちゃんは中々素に戻れない。バカの続きをやれる先生だ」(『天才バカボン⑭』竹書房文庫、二六二―二六三頁)。

つまり、赤塚不二夫が自分以上のバカと尊敬する由利の目には、赤塚こそがバカをやり通す真の「バカ」と映っていた。その意味では、赤塚は「漫画のように生きること」、コスプレではなくバカボンのパパのように生きることを全うしたのである。

## 七〇年代から現在へ

『天才バカボン』に、「中学三年星の征服なのだ」と題したエピソードがある(『天才バカボン⑭』(竹書房文庫)所収)。

そのなかでのバカボンのパパは、「中学三年星」の「大王先生」である。「校庭」という名の大広場に集まった大群衆は、バルコニーに姿を現したバカボンのパパに対して「せんせいー せんせいー それはせんせいー」と大合唱する。それに対し「マサコチャーン」と答えるバカボンのパパ。そう、このエピソードは、森昌子の歌ったヒット曲「せんせい」「同級生」「中学三年生」がギャグのネタとして散りばめられたSF設定の回なのである(蛇足だが、「征服」は当然「制服」にかかっている)。

バカボンのパパは、大群衆に向かって明朝未明をもって地球征服計画を決行すると高らかに告げる。歓呼の声を上げる大群衆。ところがバカボンが「大王先生!! もうページがありません」と言い出し、あえなく計画は中止となる（このエピソード自体、ページ数にして五ページしかない）。

このエピソードは、ここまで述べてきたことを踏まえれば、次のように解釈できるだろう。「せんせい」として群衆から崇拝されるバカボンのパパは、カリスマ性を持つ「偶像」としてのアイドルである。そのバカボンのパパは、あたかもSF映画のように地球征服を実行しようとする。しかしその野望は、「ページ数の不足」によってあっけなく断念される。つまり、「偶像」に見えたバカボンのパパも、結局は漫画のキャラクターでしかなかったのだ。だがそのバカさ加減に、なんとも言えない愛着が沸いてきはしないだろうか。

かつて阿久悠は、森昌子のことを「〝みんなして、高嶺で咲かせてあげよう〟という気分にさせる花」（阿久悠『三六歳・青年時にはざんげの値打ちもある』講談社、一九七三年、三九頁）と表現したことがある。それは、スターでありながらみんなの仲間でもあるような森昌子の二面性を比喩的に表現したものだった。

このエピソードのバカボンのパパもまた、そんな存在だ。そして「ギャグ漫画の王様」として崇められる「せんせい」である一方、自らは「バカボンのパパ」のように生きることを望んだ赤塚不二夫もまた同様だろう。繰り返しになるが、そんな二重性を生きたのが七〇年代の「アイドル」だったのである。

それから約四〇年が過ぎ、アイドルのあり方も変わった。

たとえば、現在のアイドルの典型であるＡＫＢ48を象徴する「選抜総選挙」などを見ると、「高嶺の花」という側面は消え、アイドルはとにかく「みんなで咲かせてあげる」ものになった。言い方を変えれば、アイドルは、ファンと同じ方向を見てともに歩んでいく同伴者のような存在になった。徹底して日常のものになったと言ってもいい。

「偶像」としての意味合いが消えた分、アイドルとはキャラクターであるという感覚はさらに強まった。それは、アイドル自身に〝「アイドル」をやる〟というメタ的意識をもたらした。キャラと素のバランスを巧みにとりながら、アイドルは「アイドル」を演じるようになった。その点においては、赤塚不二夫が意識して〝「バカ」をやった〟のに似ている。世界のキャラクター化が進んだのだ。

だが他方では、目標達成のために努力し、苦難を克服していく「物語」への志向も強まった。たとえば、アイドルが日本武道館や東京ドームといった大きな会場でのコンサートを目標に掲げ、その実現に至るプロセスを、同伴者たるファンも登場人物のひとりであるような「物語」として共有するスタイルが定着した。それは、いわば人生に意味を求めるひとつの新たなかたちである。意味づけの持つ本質的な重苦しさを忘れさせてくれる存在としてのアイドルは、もうそこにはいない。

そのことに思いを巡らせるとき、〝赤塚不二夫＝バカボンのパパ〟の「これでいいのだ」という言葉が改めて特別な輝きを帯びてくるように感じるのは私だけだろうか。赤塚の告別式でのタモリによる完璧な説明を引きながら、この章をそろそろ終えることにしよう。

「あなた（引用者注：赤塚不二夫のこと）の考えはすべての出来事、存在をあるがままに前向きに肯定し、受け入れることです。それによって人間は、重苦しい陰の世界から解放され、軽やかになり、また、時間は前後関係を断ち放たれて、その時、その場が異様に明るく感じられます。この考えをあなたは見事に一言で言い表しています。すなわち、「これでいいのだ」と」

# 4 「女子アナ」の誕生 ——アナウンサーたちの戦後史

## 女性アナと女子アナ

「女性アナ」と「女子アナ」。この二つの表現が明確に区別されることはあまりない。特に最近のマスメディアではどのような場合も「女子アナ」という表現になることが圧倒的に多い。一方で、「男性アナ」はあっても「男子アナ」という呼称はほぼ見ない。

しかし女性アナウンサーの歴史を振り返るこの章では、「女性アナ」と「女子アナ」は厳密に区別して使いたい。なぜなら「女子アナ」というワードは、基本的に一九八〇年代以降に独特の意味合いを持たせて使われるようになったものだからだ。そこには、特殊な時代性が深く刻印されている。

その時代性の具体的内容については後で詳しく触れるとして、では「女子アナ」以前の女性アナはどのようであったか。まずはそこから話を始めよう。

## 「女子アナ」以前

初代女性アナウンサーとして歴史に名を残しているのが、ラジオ放送の始まった一九二五年に東京放送局（現NHK）に入った翠川（みどりかわ）秋子である。料理番組などを自ら企画して人気を集めた。だが一年も経たず退職。当時としては珍しい断髪洋装など目立つ振る舞いから、局内の風当たりが強かったともされる（NHKアナウンサー史編集委員会編『アナウンサーたちの70年』講談社、一九九二年、二一―二二頁）。

テレビ本放送が始まった一九五三年には、NHKでは四人の女性アナが採用されている。そのうちのひとり後藤美代子は主にクラシック音楽の番組や歌舞伎、新派、新劇の舞台中継などに関わりながら、東京アナウンス室で初めて現役アナウンサーのまま定年退職を迎えた女性アナウンサーとなった。

その五期後輩に当たるのが、一九五八年入局の野際陽子である。野際は、朝の情報番組『おはようみなさん』の司会を務めて注目された。ただその出演する姿は、朝の番組に求められがちなさわやかさとは異なるどこか物憂げな魅力で評判になった。また番組出演時の話ではないが、当時は女性の役割として当然とされた職場でのお茶汲みなどせず毅然としていたという（白井隆二『テレビ

創世記』紀尾井書房、一九八三年、一八一―一八二頁、一八六頁)。

つまり、野際陽子はステレオタイプな「アナウンサーらしさ」や「女性らしさ」にはとらわれなかった。そして自己を表現する場を求め続けた。一九六二年にフリーになった野際は、教養番組の司会を務めながらドラマにも出演し、演技の世界に活躍の場を広げる。いうまでもなく、そのことが彼女の後の人生を決定づけることになった。

とはいえ、野際陽子のようなケースはまだまだ例外だった。当初ほとんど教育・教養・芸能関連の番組に限られていた女性アナの仕事は、一九六〇年代中盤になるとニュースや報道番組にも広がり始める。しかし、そうした場合にもメインの男性アナのアシスタント的役割でしかないのがほとんどだった(前掲『アナウンサーたちの70年』、三六二―三六三頁)。

そんな時代に変化の兆しが見えたのは、一九六〇年代の終わり頃から一九七〇年代に入ったあたりである。

NHKの永井多恵子は一九七一年に始まった経済番組『一億人の経済』でメイン司会を務め、一九七二年の札幌冬季五輪では女性アナ初のオリンピック実況(競技は女子フィギュアスケート)を担当した。いずれも、それまで男性アナが独占していたようなポジションに就いたという意味で画期的な出来事であった。

一九七〇年代になると、徐々にではあるが民放にも同様の動きが生まれてくる。

田丸美寿々(みすず)は一九七五年にフジテレビに入社。天気予報コーナー担当やワイドショーのアシスタントを経て一九七八年一〇月『FNNニュースレポート6:30』のメインキャスターに逸見政孝とともに起用された。そこでは自ら現場に出て取材したり、話題の重要人物へのインタビューを敢行したりと、積極的にスタジオの外に出るスタイルが新鮮と大きな評判になった。

そうしたなかで、女性アナはなにかと世間の注目を浴びる存在になっていく。その意味では、ニュースや報道よりも番組の性格上女性アナウンサーへの耳目をより集めたのはバラエティへの出演であった。そこでは女性であるということに加えて、「アナウンサーらしからぬ」役割を演じてひと際目立つことになったからである。

一九七九年四月に始まったNHKのバラエティ番組『ばらえてぃ テレビファソラシド』では、当時まだイグアナの物真似など異色の芸風で知られていたタモリと正統派で真面目な女性アナの代表格であった加賀美幸子の意外な取り合わせが話題を呼んだ。加賀美がきっちり進行しようとするところをタモリがちょっかいを出して笑わせようとする。それは女性アナのバラエティにおける起用法の原型にもなった。

そしてもうひとり、この番組に出演して人気を博した女性アナが頼近美津子である。一九七八年に入局した頼近は一九八〇年に同番組の司会に抜擢されるとともに、得意のピアノを披露したりコントにも参加したりするなどしてマスコミにも盛んに取り上げられる存在になった。「才色兼備」の典型であると同時に、「アナウンサーらしからぬ」笑いもこなす存在としてもてはやされることになったのである。それは、「女子アナ」時代への入口であった。

## 「女子アナ」の誕生、その時代背景

その意味では、一九八一年に頼近美津子がＮＨＫから移った先がフジテレビだったことは偶然ではないだろう。

当時フジテレビは一九八〇年代初頭の漫才ブームをきっかけにバラエティ路線を推し進め、視聴率面でも大きな成功を収めていた。

そのなかで女性アナも体当たりロケやお笑い芸人との絡みなどに次々と起用されるようになる。たとえば、『なるほど！ザ・ワールド』の海外リポーターとして過酷なロケを物ともせずこなして「ひょうきん由美」と呼ばれた益田由美、また『オレたちひょうきん族』の人気コーナー「ひょうきんベストテン」で島田紳助とともに司会役を務め、芸人たちに手荒い洗礼を受けながらも渡り合った山村美智子、寺田理恵子、長野智子などがそうであった。

こうして生まれた女性アナのタレント化の流れは一九八〇年代後半一気に加速し、やがて女性アナのアイドル化現象へと発展していく。それと同時に「女子アナ」という呼称も一般に流布するようになっていった。フジテレビが制作した業界ドラマのひとつ『アナウンサーぷっつん物語』（山村、寺田、長野が出演）が人気となり、フジテレビ女子アナの日常の様子や失敗談を収めた『アナ本』という本まで出版されたのは一九八七年のことだ。

その勢いは、一九八八年のフジテレビ同期入社である河野景子、八木亜希子、有賀さつきの「花の三人娘」が登場するに至ってピークに達する。河野は大学のミスコンや雑誌モデルの経験があり、有賀は帰国子女。八木はそつなく進行をこなすが、物柔らかであまり前に出すぎない。また、有賀が「旧中山道」を別のアナウンサーが「いちにちじゅうやまみち」と読み間違えたエピソードを紹介しようとして自分も「きゅうちゅうさんどう」と読み間違え、それが逆に受けたという有名な逸話もあった。そこにはすでに、現在の「女子アナ」という言葉に付着するさまざまな定番的イメージが出揃っている。

それに追随するように、一九九〇年代前半には、日本テレビの若手女性アナウンサー三人（永井美奈子、藪本雅子、米森麻美）の歌手ユニット・DORAが結成され、CDデビューも果たした。この企画、元々は永井と藪本が司会兼モデルを務めた深夜のファッション情報番組から生まれたものであった。こうして本業以外のタレント活動的な部分が目立つようになるにつれ、〝アナウンサーアイドル〟を意味する「アナドル」という言葉もメディアを賑わすようになる。

ではなぜ、一九八〇年代に「女子アナ」は誕生したのだろうか？

ひとつは、女性の社会進出の一端という側面があるだろう。

一九八五年に制定された男女雇用機会均等法の存在が物語るように、一九八〇年代は女性の社会進出が進んだ時代である。理想と現実の差は依然大きく諸々の課題はあったにせよ、高学歴化した女性が大学などを卒業して仕事をすることはごく自然な流れになろうとしていた。

女性アナウンサーも例外ではない。たとえば、頼近美津子はフジテレビ初の〝女性正社員〟であった。一九八〇年代に入るまで、女性アナウンサーはみな契約社員であり、しかも「二五歳定年制」（二年契約四年雇用）が存在していた。それが視聴率不振に悩んでいたフジテレビの組織改革の一環として廃止されたのである（瓜生吉則「女子アナ以前　あるいは〝一九八〇年代／フジテレビ的なるもの〟の下部構造」、長谷正人・太田省一編『テレビだョ！全員集合』青弓社、二〇〇七年所収を参照）。

もうひとつは、バブル景気を背景にした消費社会的現象という側面である。消費社会とは、実体としての価値よりも付加価値のほうが重視され、消費の対象となるような社会のことである。それは「女子アナ」で言えば、アナウンス技術などよりも容貌が評価の基準となるような状況を指す。その場合、純粋な能力評価ではなく男性基準の目線で評価されることにもなり、いま述べた女性の社会進出の根本にある男女平等の価値観との摩擦や衝突を生むことにもなる。

## 最盛期を迎えた「女子アナ」

つまり、一見華やかな「女子アナ」の内側にはそもそもキャリアであると同時にアイドルであるという矛盾が含まれている。それゆえ根本的に「女子アナ」は不安定な存在である。

それは容貌だけでなく、「女子アナはアナウンサーかタレントか？」といった疑問についても言えることである。ただし、「女子アナ」の成り立ちそのものに矛盾した二面性がある以上、すっきりした答えはないに等しい。

とはいえ、矛盾はある面ではパワーにもなる。一九九〇年代中盤から二〇〇〇年代にかけては、「女子アナ」は恋愛・結婚事情などプライベート面でも世間から好奇の目を向けられる一方、次々に人気者を生み出した。この時期、「女子アナ」は最盛期を迎えたと言ってもいいだろう。

木佐彩子は一九九四年フジテレビに入社。帰国子女で英語が堪能、学生リポーターとしてテレビに出演経験があるなど、いかにも「女子アナ」らしい経歴の持ち主である。ところが、バラエティ番組でウミガメの産卵の物真似を披露したことがきっかけとなり、抜群のノリの良さで一躍脚光を浴びた。「女子アナ」もキャラクターが物を言う時代が到来したのである。

ただし、一方ではまだ「アナウンサーらしさ」の観念も根強く残っていた。『モヤモヤさまぁ～ず2』でブレークした後『ワールドビジネスサテライト』のキャスターになったテレビ東京の大江麻理子（二〇〇一年入社）もそうだが、バラエティで頭角を現したとしても、報道や情報などの番組を担当しなくなるわけではなかった。

一九九三年TBS入社の雨宮塔子も、『チューボーですよ！』などのバラエティ番組で天然キャラとして人気を博す一方で、朝の報道・情報番組のメインキャスターも務めた。また二〇〇一年フジテレビ入社の高島彩も、初年から冠トーク番組『アヤパン』の司会に抜擢されるなどアイドル路線からスタートしたが、それにとどまらず朝の情報番組や報道番組の司会もこなした。

これは「〇〇パン」シリーズを受け継いだ二〇〇八年フジテレビ入社の「カトパン」こと加藤綾子などにも当てはまることだが、硬軟両方の番組で水準以上の働きができるオールマイティなアナウンサーが「女子アナ」の現在の理想像になっている観がある。

しかし他方では、とりわけ二〇一〇年代以降「女子アナ」というものの輪郭自体が曖昧になりつつあるように見える。言い方を変えるなら、「アナウンサーらしさ」という基準そのものが揺らぎ始めているように映る。

## 「女子アナ」の歴史の終わり？

先述のように、二〇〇〇年代までは「アナウンサーらしさ」という概念はまだそれなりに有効だった。たとえば、二〇〇四年にフジテレビ『めざましテレビ』のお天気キャスターとして出発した皆藤愛子は、最初からフリーアナの立場であったがゆえにタレント的扱いをする（される）ことに抵抗がなかったと言える。それは裏を返せば、局アナはアナウンサーらしく、フリーアナはそうでなくとも構わない、というような区分けにまだ説得力があったということだ。

ところが二〇一〇年代になると、そのような区分けも曖昧になってくる。

先ほど実体的な価値よりも付加価値の比重が高まったことが「女子アナ」を生んだと書いた。そのような言い方をするなら、二〇一〇年代以降は実体的な価値と付加価値の違いそのものが意味を成さなくなりつつあるように思われる。

そうした時代の変化を象徴するのは、日本テレビの水卜麻美だろう。

水卜は二〇一〇年の入社。二〇一一年春に昼の帯情報番組『ヒルナンデス！』のレギュラーになった。ただしメインの進行役ではなくアシスタント。その意味では「女子アナ」の従来のパターンである。

そのなかで水卜麻美は意外なところから頭角を現した。グルメリポに出た水卜は、豪快な食べっぷりで話題になる。次々と料理を平らげながら笑顔を絶やさないその姿は、それまでの「女子アナ」としては考えられないようなものだった。それがきっかけとなり、彼女は女性アナでも一、二を争う人気者になっていく。

彼女の特徴は、終始ナチュラルだということである。「女子アナ」が面白さを求めると、得てして過剰にキャラを演じてしまいがちだ。だが水卜麻美にはそれがない。「アナウンサーらしくない」というわけでもなく、その人間性を視聴者は愛するようになった。それは女性アナの歴史のなかでもありそうでなかったことだ。

同じようなことは、テレビ朝日の弘中綾香にも言えるだろう。

弘中が注目されるようになったのは、バラエティ番組『激レアさんを連れてきた。』での〝毒舌〟である。共演するオードリー・若林正恭らに対し、キツい一言を笑顔でさらりと言ってのける。その姿はやはりナチュラルだ。水卜麻美と同様、画面に映る彼女はその場を心底楽しんでいるように見える。

「アナウンサーらしさ」からの逸脱が「女子アナらしさ」であったとすれば、この二人に関しては、「アナウンサーらしさ」からも「女子アナらしさ」からもいったん自由になって、女性アナの生き方の可能性をそれぞれのやり方で広げようとしているように見える。それは必ずしもバラエティの分野だけのことではなく、NHKからフリーとなって「ジャーナリスト宣言」をし、現在日本テレビ『news zero』のメインキャスターを務める有働由美子にも当てはまることだろう。その意味において、一九八〇年代に誕生した「女子アナ」の歴史も少しずつ終わりを迎えようとしているのかもしれない。

## 多様化する女性アナと残された課題

そうした時代の変化のなかで、いま女性アナのありようはきわめて多様化している。

たとえば、局アナからフリーアナやタレントになるのとは逆に、タレントやアイドルを経験して局アナになるパターンが出てきた。フジテレビの平井理央（二〇〇五年入社）という先駆的なケースがあり、元・モーニング娘。の紺野あさ美が二〇一一年にテレビ東京のアナウンサーになったときは、大きな話題になった。それ以降も日本テレビに入った元・乃木坂46の市来玲奈など同様のケースは増えている。そこには〝即戦力〟を採用して経験を積ませる手間を省こうという放送局側の意図もあるだろうが、女性アナの多様化のひとつのかたちであるのは確かだ。

あるいは東京の大学やキー局を経由せず、川田裕美のように地方の大学出身かつ地方局のアナウンサーからフリーになり活躍するパターンも、従来あまりなかったものだろう。先ほどふれた皆藤愛子のように最初からフリーというパターンも、バラエティでも活躍する岡副麻希など珍しいケースではなくなっている。また最近話題のＡＩアナなどもそのクオリティが上がるとともに、単なるお遊びの域を超えて女性アナというものの存在意義を改めて問い直すものになりつつある。

こうした多様化傾向は、女性アナの幅を広げるという意味でひとまず歓迎すべきことだろう。

ただしもう一方で、「女子アナ」の誕生のもうひとつの背景でもあった男女平等の実現という古くて新しい課題の解決が進んでいない面があることも忘れてはならない。たとえばスポーツ実況はなぜいまだに男性アナのほとんど独占状態なのか？　ただ杓子定規に男女同じにすべしというのではなく、女性アナに門戸を開くための今後のあり方を一度冷静に議論する必要があるだろう。

こうしてざっと歴史を振り返ってみても、女性アナが過去において放送の可能性と課題を一身に凝縮した存在であったことがわかる。そして現在にいたってもそうであることは、いうまでもない。

# II　バラエティは散歩する

# 第Ⅱ部について

テレビの歴史のなかで、バラエティほど様変わりしたものもないだろう。

ニュース、ドラマ、スポーツ中継、音楽番組などは撮影や中継の技術がいくら進歩したとしても、基本フォーマットはそれほど変わっていない。ニュースではアナウンサーが原稿を読み上げ、ドラマは俳優が演技をし、スポーツ中継では試合の様子をアナウンサーが実況し、音楽番組では歌手が歌う。

ところがバラエティは、これが同じジャンルなのかと思わず疑うほど変化した。一九六〇年代の『夢であいましょう』（ＮＨＫ）や『シャボン玉ホリデー』（日本テレビ系）のような歌、ダンス、コントで綴るショー形式のバラエティは、ほとんど見かけなくなった。「報道バラエティ」から「恋愛バラエティ」まで、一括りにできそうにない多種多様な番組が自らを「〇〇バラエティ」と名乗るようになった。

一九八〇年代後半の『天才・たけしの元気が出るテレビ‼』（日本テレビ系）にすでに兆しはあったが、『進め！電波少年』（一九九二年放送開始、日本テレビ系）が「アポなし」を掲げて人気を博したあたりから、ドキュメンタリータッチのバラエティである「ドキュメントバラエティ」がテレビを席巻するようになる。そこでは「素人」（やそれに近い若手お笑い芸人）の生き様がメインになり、よりリアルな「ガチ」の面白さが求められた。

要するにバラエティは、ショースタイルの華やかな非日常の世界から身近な日常の世界へと徐々にシフトしていった。「もっと日常を！」が平成バラエティの合言葉だったと言えるかもしれない。現在のテレビにあふれる旅番組や散歩番組はそのひとつの帰結だ。

近年の旅番組は、有名観光地に行った非日常の気分を味わうというよりは、『ローカル路線バス乗り継ぎの旅』（テレビ東京系）のように日常の延長線上にあるもの、あるいは『クレイジージャーニー』（ＴＢＳテレビ系）のように、どこへ行くかだけでなく旅人の個性に焦点が当たったものになっている。

「もっと日常を！」という点は、散歩番組ではさらに明確だ（第８章）。地元民が普段買い物や食事に行く商店街などをただぶらぶら歩く散歩番組は、二〇〇〇年代に入って急速に増えた。その真骨頂は「ユルさ」である。『モヤモヤさまぁ～ず２』（テレビ東京系）でのさまぁ～ずによる街の「素人」との絡みなどは典型的なものだ。既存のバラエティにありがちなボケとツッコミの緊密な掛け合いから絶妙に外れたやりとりは、いまやバラエティのひとつの定番的スタイルにまでなっている。

加えて「素人」が主役のバラエティには、新たな日常を発見するという側面もある。

平成とは、社会の変容のなかで私たちが日常生活を送る基盤となるコミュニティが見失われた時代であったと言える。そのなかでバラエティは、新たなかたちのコミュニティを発見しようとした。たとえば、外国人に訪日の目的を聞き、密着取材の様子を伝える『YOUは何しに日本へ?』(テレビ東京系、二〇一三年放送開始)にはそんな側面がある(第6章)。

同じく、オタク的な趣味のコミュニティも平成が新たに発見したものと言えるだろう。

いまバラエティ番組は、鉄道やアニメなどはもちろん、『マツコの知らない世界』(TBSテレビ系)などで取り上げられる変わったもののマニアまで、オタク文化全盛だ。その理由は、オタクならではの熱量、テレビ的に映えるキャラの面白さなどもあるが、それだけではないだろう。そこには、家族や地域など従来のコミュニティが不安定になった時代のなかで、趣味が人と人をつなぐ新たなコミュニティの基盤になっている面があるだろう。

そうした趣味人の理想形にもなっているのが、第7章で取り上げるタモリである。かつての密室芸人・タモリは、多彩な趣味人・タモリになった。その点、タモリが地図・地形マニアぶりを発揮して全国津々浦々の街を散歩する『ブラタモリ』(NHK)はまさに平成的なバラエティの代表と言えるだろう。

タモリの生き方は、いまや「理想のおとな」になっている。分別のある常識人としてのおとなではなく、タモリのように子どもの頃の好奇心そのままに年齢を重ねた存在としてのおとな。そんなおとなに人びとは憧れる。トーク番組や討論番組の聞き手・進行役をそつなくこなしながら、子どものような無邪気な好奇心やノリを随所に発揮する阿川佐和子もまた同様だ（第5章）。平成のテレビは、そうした「子どものようなおとな」というロールモデルを生んだ。

## 5 「テレビの人」、阿川佐和子を読み解く

阿川佐和子は「テレビの人」だ。こう書くと違和感のあるひともいるだろう。阿川には雑誌や小説など「活字の人」のイメージも強いからである。とはいえ、最近はインタビューや司会業だけにとどまらず、本格的ドラマ出演が続くなどテレビでの活躍もますます目を離せなくなってきている。そこでこの章では特に阿川佐和子の「テレビの人」としての一面にスポットを当て、その存在をテレビ史のなかに位置づけてみたい。

### トーク番組はライブである

テレビには「〇〇番組」という呼び方がある。報道番組、ドキュメンタリー番組、バラエティ番組、音楽番組などなど。そしてそうしたなかのひとつにテレビにおける阿川佐和子のホームグラウ

ンドとも言える「トーク番組」がある。

トーク、つまり出演者同士のおしゃべりがメインの番組ということだが、よくよく考えてみるとそれが成立するのはちょっと不思議な話だ。二人以上の人間が顔を合わせて話をするだけ。ドラマやスポーツのような派手なアクションもなければ、歌やダンスのような華やかなパフォーマンスもない。そもそもおしゃべり中心ということならば、ラジオで十分なのではないか？　視覚メディアであるテレビでなぜトーク番組があるのか？

なるほど、腕の立つお笑い芸人がエピソードトークをすれば思わず笑ってしまうし、また有名人が実際に経験した苦労話を語れば色々と教えられる有益な話も聞ける。だが、そうした話の内容だけで評価するのであれば、やはりラジオでも構わないということになるだろう。

では、テレビのトーク番組ならではの魅力とはなにか？　それはライブ感である。

トークが大きな要素を占める番組ジャンルにワイドショーがある。政治経済から芸能、人生相談まで硬軟とりまぜてあらゆる事柄を扱う番組だが、そのかなりの部分はインタビューや対談、さらには出演者同士の会話などトークの形式をとることが多い。

そのワイドショーの日本での元祖とされるのが、『木島則夫モーニングショー』（ＮＥＴ［現・テレビ朝日］系）である。ＮＨＫの人気アナウンサーだった木島をメインに迎え、一九六四年に始まった。この番組の成功によって他局も一斉に朝のワイドショーをスタートさせ、現在のような状況が出来上がっていく。

この番組の企画者で演出も担当したのが浅田孝彦である。浅田は、テレビの魅力は同時性にあると考えた（浅田孝彦『ワイド・ショーの原点』新泉社、一九八七年、三六―三九頁）。つまり、番組と視聴者がこの「いま」という同じ時間を共有している感覚になることが大切だというわけである。

それは、大きな事件が起こって固唾をのんで事の成り行きを見守っているような場合だけではない。司会者が、お天気カメラが映し出す外の様子を見ながら「今日はちょっと東京は雨が降っていますね」と語り合うような何気ない場合にも当てはまる。それもまた広い意味での「ニュース」なのだと浅田は主張する。

また同時性の魅力は、生放送でしか味わえないわけではない。番組中にハプニングが起こって思わず画面に引き寄せられるとき、その番組がたとえ収録されたものであったとしても、私たちはその瞬間をまるでライブのように体験している。

純粋なトーク番組にも同じことが言える。面白いトーク番組とそうでないトーク番組を分かつもの、それはライブ感の有無である。トーク番組とはライブなのだ。

それまでスムーズに続いていた会話のなかでゲストがふと言い淀んだり、表情が変わったりする。するとすかさず司会者が合いの手を入れて次の言葉を促したり、鋭い質問を畳みかけたりする。そしてそこからゲストの意外な告白が聞けたりする。そのとき私たち視聴者は、一見地味ではあるが、そこにテレビならではの意外性、スリリングさを味わい満足するのである。

## 久米宏、黒柳徹子、そして阿川佐和子

そのようなテレビ的なジャンルとしてのトーク番組が定着したのは、テレビ史をさかのぼると一九七〇年代から一九八〇年代初めにかけてのことだったように思われる。「トーク」がひとつのエンターテインメントとして認識されるようになったのである。それは同時に、インタビュアーという存在がテレビにおける地位を確立した瞬間でもあった。

久米宏は、そうした文脈における最重要人物のひとりだ。一九七〇年代後半、TBSの局アナとして『ぴったし カン・カン』や『ザ・ベストテン』の司会で人気を集めた久米がフリーになってまず担当したのが、トーク番組『おしゃれ』(日本テレビ系)であった。平日お昼一時台の帯番組で、芸能人や有名人のゲストを迎えて話を聞くごくシンプルな構成である。

久米は四代目の司会者で一九八〇年から。本人の回想によると、「前任者までは立派な放送台本があり、司会者とゲストのセリフが何ページにもわたって書いてあった」。だがそのうち久米は、台本をすべて無視してアドリブでインタビューし、編集を完全になくした。「編集しないほうが、妙な間が空いたり言い間違えがあったりして、視聴者には面白い。それが生のインタビューであり、日常の会話でもある」(久米宏『久米宏です。』世界文化社、二〇一七年、一〇八頁)。ここでも生放送と同様のスタイルにすることでライブ感を醸し出そうとした様子がうかがえる。

その久米とともに『ザ・ベストテン』で司会を務めたのが黒柳徹子である。黒柳は、『ザ・ベス

トテン』の始まる二年前の一九七六年に『徹子の部屋』（テレビ朝日系）を始めていた。すでに放送四四年目に入ったこの番組は、現在のトーク番組の基本フォーマットになっていると言っても過言ではない。基本は収録だが、ここでもポリシーになっているのが「編集をしない」ということだ（「『徹子の部屋』が42年愛される理由 今も生放送感覚」『日経エンタテインメント！』、二〇一八年四月四日付記事）。ライブ感はここでも重視されているのである。

阿川佐和子が司会を務める『サワコの朝』（TBSテレビ系、二〇一一年放送開始）は、この『徹子の部屋』の伝統を受け継ぐ番組である。一対一の対話形式のスタイルが基本。トーク番組と言えば司会者一人に対してひな壇に多数のゲストがいるスタイル全盛の現在、もはや数少ない貴重な形式でもある。

もちろん、似ているのは形式だけではない。たとえば阿川は、笑福亭鶴瓶がふと漏らした「トークは生もの」という言葉をもとにインタビューの魅力を表現している。「トークは生もの。だから予定通りには、まずいかない。そして予定通りにいかないほうが面白い」「人からいい話を聞こうと思って、あらかじめカッチリバッチリ聞くことを決めて臨んでも、思い通りにいくことは、まずありません。予定外の結果に終わることがほとんどです。でもだからこそ、面白いのです」（阿川佐和子『聞く力』文春新書、二〇一二年、九五、九一頁）

むろん、最低限の準備は必要だ。だがそのうえで起こる予想外の展開にこそ、インタビューの醍醐味はある。「人間が人間と語り合う会話だからこそ、どこへ飛んでいき、どこで何に気づくかは計り知れない。（略）聞き手のさりげない反応によって、何かを触発されることもある。聞き手は語り手の、そんな脳みその捜索旅行に同行し、添いつつ離れつつ、さりげなく手助けをすればいい」（同書、九七―九八頁）

阿川佐和子が、黒柳徹子や久米宏が切り拓いたトーク番組の系譜の、名実ともに正統な後継者であることは間違いないだろう。

## バイプレーヤーが主役になる時代

ただそれだけに、トーク番組における黒柳徹子と阿川佐和子の立ち位置の対照も際立つ。一言で言えばそれは、主役とバイプレーヤーの違いである。

『徹子の部屋』の黒柳徹子は、その気はなくともとにかく目立つ。「玉ねぎヘア」と呼ばれる独特のヘアスタイルに華やかな、かつ時に奇抜な衣装。「まあー」と驚いたり「クックック」と笑ったりするリアクションひとつにも目を奪われる。近年、お笑い芸人がゲストのときネタの披露を自分からリクエストしておきながら、ピンとこなければ愛想笑いさえしないことが〝芸人殺し〟と面白がられるのも、そんな黒柳の主役感からくるものだろう。

一方『サワコの朝』は、おもてなし感が強い。ゲスト自身がその日座る椅子をスタジオに用意された六脚の椅子から選ぶ恒例の趣向などは象徴的だ。

司会の阿川佐和子はと言えば、椅子にはいつも浅めにちょこんと座り、相手の話に耳を澄ませている。椅子自体も背もたれのないようなものであることが少なくない。そのあたりにも、主役はあくまでゲスト、司会の阿川はバイプレーヤーという関係性がにじみ出る。

その点、阿川は控えめでいかにも立場をわきまえた聞き手だ。そこに安心感を覚えるから好きだという視聴者も少なくないだろう。しかしもう一方で、彼女にはある種の主役感もある。バイプレーヤーでありながら主役。そこが阿川佐和子というタレントの独自性であり、最近の彼女への注目度の高まりを考えるひとつのポイントだろう。

実は、近年のテレビ全般にも同様の傾向がある。

最もわかりやすいのはドラマだ。各局のドラマで毎度のように顔を見る脇役の「おじさん」俳優をメインにしたテレビ東京のドラマ『バイプレイヤーズ』(二〇一七年、二〇一八年放送)などは典型的である。また同じテレビ東京の『孤独のグルメ』(二〇一二年放送開始)もそうだ。それまで脇役として活躍を続けていた松重豊を連続ドラマ初の主役にすえるという大胆なキャスティングだったが、いまや押しも押されもせぬ人気ドラマになった。

もう少し若い世代でも同じだ。高橋一生は、元々演技派の俳優としてエキセントリックな役柄などを印象的に演じて知る人ぞ知る存在だった。それが近年その魅力が大きく脚光を浴び、ついにゴールデンタイムの連続ドラマでも主役を演じるようになっている。あるいは、連続ドラマの脇役キャラの人気が上がり、スピンオフ作品で主役を演じるケース(『TRICK』(テレビ朝日系)の生瀬勝久や『相棒』(テレビ朝日系)の六角精児など)も増えている。

こうした「バイプレーヤーの時代」の到来は、視聴者の側の成熟があってこそのことだろう。日本のテレビ放送の歴史も六五年以上となり、視聴者のテレビを見る〝視力〟は強化され、〝視野〟も広がったのである。いまや視聴者は、テレビの画面に映る全体をディテールとともに素早くとらえ、さらにそれを自分のなかのテレビ体験のデータベースと紐づけてみせるまなざしを有している。要するに、世間の常識として存在する評価基準よりは自分だけの評価基準に自信を深めるようになったのである。そのなかで固定した「主役/脇役」の構図はまったく無意味になったわけではないが、流動化している。

## マツコとサワコ

阿川佐和子と同じ司会業の分野では、マツコ・デラックスの人気にもそうした面があるに違いない。

知られるように、マツコは女装家であり、ゲイである。いまならLGBTとされるような人びとがテレビの人気者になることはこれまでもあった。だがそうした場合、ほとんどが脇役のポジションだったと言える。それに対し、マツコはまさにテレビの中心的存在、時代を象徴するような存在になった。その点、バイプレーヤーが主役になった典型と言っていい。

マツコの活躍の場は必ずしもトーク番組だけではないが、トークの面白さが人気の主たる理由であることはいうまでもない。とりわけその本領が発揮されるのは、芸能人ではなく一般のひとたちが相手のときだろう。

そうした際まず光るのは、マツコの目配りの良さだ。

たとえば、マツコが商店街などをぶらぶら街歩きする『夜の巷を徘徊する』（テレビ朝日系）では、レストランや居酒屋などで性別も年齢もさまざまな複数の一般人と同時に会話するシチュエーションになることが少なからずある。そうした場合、マツコはすべてのひとに話を振る。いかにも個性的なキャラクターの人が目立つ場合も当然あるのだが、マツコは可能な限りその場にいる人全員から話を引き出し、いつもながらの鋭い観察眼とツッコミで盛り上げつつ、それぞれの人となりを浮き彫りにする。

そうした接し方のフラットさは、たとえば『ビートたけしのＴＶタックル』（テレビ朝日系）のサワコならぬ阿川佐和子にも共通する。

ご存知のようにこの番組は、毎回時事問題や社会問題をテーマに取り上げ、スタジオの政治家や専門家、タレントらが議論を繰り広げる討論番組である。

似たような番組としては『朝まで生テレビ』（テレビ朝日系）があるが、そちらが出演者たちによる優位な〝マウントポジション〟の取り合いに終始する〝格闘技〟的討論番組なのに対し、『ＴＶタックル』はどこか平和だ。双方の番組に同じ出演者が登場することも珍しくないが、『ＴＶタックル』の場合は意見の優劣を競うよりは、両論併記的に意見がフラットに提示される印象が強い。

そこにはひとつ、番組の進行役である阿川佐和子のすぐれたバランス感覚があるだろう。阿川本人も「あまりしゃべっていない人」と「しゃべりすぎている人」をその場で見極めながら進行するとゲスト出演した番組で語っていたが、そうしたところにはやはりマツコと共通する目配りの良さがうかがえる。

ただ一方で、マツコ・デラックスとは違う面もある。

マツコの魅力のひとつは、その博識ぶりである。『マツコの知らない世界』（ＴＢＳテレビ系）でさまざまな分野の専門家やマニアとトークをするときなど、豊富な知識を披露して相手を驚かせることもしばしばだ。その知識の引き出しの多さには、感心させられる。

阿川佐和子は、それとはむしろ対極にあると言えるだろう。『ＴＶタックル』ではただ進行するだけでなく場合に応じて自ら発言することもあるが、それは知識をバックボーンにしたかたちではなく、素人の目線からの素朴な疑問というかたちをとることが多い。つまり、識者として振る舞うことはない。

## 二世らしくない二世

だがそれは、阿川佐和子がそうする能力がないからではない。もし阿川が『ＴＶタックル』のような番組で識者的な立場から発言したとしても、奇異に思われることはおそらくないはずだ。というのも、阿川佐和子は作家・阿川弘之の娘であり、『筑紫哲也 NEWS23』『JNN報道特集』(いずれもTBSテレビ系)のキャスターを務めるなどその生まれと育ちにふさわしいキャリアを積んできているからである。

テレビはいま、「二世タレント」全盛だ。「二世」には大別して親が芸能人というケースと有名人というケースがある。石原慎太郎と長嶋茂雄をそれぞれ父に持つ石原良純と長嶋一茂は、さしずめ後者の代表格だろう。そして阿川佐和子もまた、世間によく知られた父親を持ち、メディアで華々しく活躍するという点では同じだ。ところが阿川佐和子が「二世」と呼ばれる場面を目にすることはほとんどないように思える。それはなぜか?

最近とみに人気を増し、テレビへの露出も増えている長嶋一茂と比べてみよう。

たとえば、ワイドショーのコメンテーターとして出演した際、長嶋一茂はよく司会者の進行をさえぎって自分の意見を言ったり質問したりする。その傍若無人にも見える振る舞いは、普通なら顰蹙(ひんしゅく)を買っても不思議ではない。空気を読まない行為は、いまの日本社会では基本的にやってはいけないこととされるからだ。

ところが逆に、長嶋一茂の場合はそれが魅力的な自由さとして受け止められる。それはやはり、彼が天衣無縫ぶりを愛されたあの長嶋茂雄の息子だからにほかならない。田園調布で裕福な暮らしをしていた金持ちのボンボン的エピソードもしばしばテレビで暴露されるが、それも嫉妬を招く理由にはならない。むしろ、「あの親にしてこの子あり」といったイメージ通りのエピソードとして私たち視聴者は満足する。

要するに、長嶋一茂は世間から期待される「キャラ」を自分の役割として真面目に引き受けている。彼は、「二世」であることを律義に演じ続けているのだ。

一方、阿川佐和子はそうした期待される役割から巧みに身をかわし、「キャラ」化されることを拒んでいる。それが、阿川佐和子が二世でありながら「二世」と呼ばれずにいる理由に違いない。彼女は父・阿川弘之とのエピソードをよくテレビなどでも話しているではないか、と言う人もいるだろう。確かにその通りだ。だがそれは、「阿川弘之の娘」という役割を引き受けているという以上に、「キャラ」とは異なる立ち位置に彼女がこだわっているひとつの証しではなかろうか。すなわち、阿川弘之との間柄に限らず他人との関係性全般において、阿川佐和子は常に「子ども」のポジションに立とうとしているのである。

## 精神としての「子ども」

ここで思い出されるのは、阿川佐和子初の長編小説『ウメ子』である。この作品はフィクションではあるが、阿川佐和子の自伝的色彩を帯びてもいる。

著者・阿川佐和子の分身であるみよ子が通う幼稚園にウメ子という女の子が転入してくる。ウメ子は活発で勇敢で大人びたところのある女の子。対照的な性格のみよ子だが、すぐにウメ子と仲良くなる。この二人の友情とささやかな冒険を交えた日常が、みよ子の一人称の視点から描かれる。印象的なのは、みよ子の冷静さだ。みよ子は当事者でもあるが観察者でもある。彼女は幼稚園児らしからぬ冷静な視点で、ウメ子の心情や人間的魅力を鮮やかに浮き彫りにしていく。

それはまさにインタビュアーや司会者としての阿川佐和子にそのまま重なるものだろう。阿川佐和子にあるのは、どんな制約にもとらわれない自由な社会的立ち位置という意味での「子ども」の視点だ。それはたまたま阿川佐和子がそういう人であるというよりは、意識的か無意識的かは別にして生き方として彼女自身によって選び取られたものだろう。阿川佐和子の核にあるのは〝精神としての「子ども」〟なのである。

その視点は、現代社会について彼女がおこなう次のような提言からもうかがえる。

いつも落ち着き払った若者に出くわしたとき、阿川佐和子は人間ができているなあと感心する一方で、違和感を覚えもする。喜怒哀楽の感情を抑えすぎているのではないかと思ってしまうのだ。そしてそれは若者に限らずいまの世の中のすべての人がそうなのではないか。だから抑えすぎるあまり暴発してしまわないためにも、幼いうちから喜怒哀楽をバランスよく露呈して、発散することがいまの時代必要なのではないか、と阿川は提言する（阿川佐和子『叱られる力』文春新書、二〇一四年、二四一―二四三頁）。

喜怒哀楽を素直に出すこと。それもまた自由な「子ども」の特権だ。だがそうすれば当然、時には失敗もある。しかし、それもまたやはり「子ども」の特権だ。

大ベストセラーにもなった『聞く力』という本は、失敗エピソード集のような一面がある。なかでも印象的なのは、ジュリー・アンドリュースにインタビューしたときの話である。自分がいかに子どもの頃から長年のファンであったかを伝えたいという思いが募るあまり、阿川佐和子はいきなり大ミュージカルスターである本人の前で歌い始めてしまう。それも一曲だけではなく三曲。後で周囲の人びとからは罵倒され、呆れられたという（前掲『聞く力』、二二八―二三二頁）。

しかしその歌う姿を想像すると、そこにはテレビで女優として演技を披露する阿川佐和子の姿がオーバーラップしはしないだろうか。

たとえば『陸王』（TBSテレビ系、二〇一七年放送）で重要な役どころを生き生きと演じる彼女を見て、私を含め多くの視聴者は驚いたはずだ。だが実は、彼女自身のスタンスはずっと変わっていないのかもしれない。喜怒哀楽豊かな〝精神としての「子ども」〟であること。それは「テレビの人」阿川佐和子にとってあらゆる面での原動力であり、視聴者にとって彼女の魅力の源泉なのだろう。

# 6　ユルさとガチとコミュニティ
## ――最近のバラエティ番組についての社会学的一考察

バラエティ番組は、きわめて多種多様なものになっている。「○○バラエティ」と銘打った番組は、枚挙に暇がない。最近では「謎とき冒険バラエティー」（『世界の果てまでイッテQ！』）や「もしものシミュレーションバラエティー」（『お試しかっ！』）のような、聞いただけでは番組内容を想像するのが難しいものも増えてきた。一昔前は新鮮に響いた「情報バラエティ」や「教養バラエティ」というフレーズも、もはや古典的な感じさえするほどだ。

以下では、そのように一見錯綜した最近のバラエティ番組のなかに見受けられるいくつかの特徴を取り出すとともに、その社会背景について考えてみたい。

## 『路線バスの旅』とユルさ

二〇一四年一月四日に放送されたテレビ東京『ローカル路線バス乗り継ぎの旅』（以下、『路線バスの旅』と表記）が視聴率一三・〇パーセントを記録して同じ時間帯に放送された『めちゃ×2イケてるッ！』スペシャルの一二・二パーセントを上回り、かなりの話題になったことがあった。テレビ東京の低予算番組がフジテレビの長寿人気バラエティ番組よりも数字をとる。その予想外の結果に世間は驚いたのだろう。

ところで、この『路線バスの旅』はバラエティ番組なのだろうか？

なるほど路線バスだけを乗り継ぎ三泊四日で目的地にゴールするという設定は、単なる旅番組ではなくゲーム的である。だが、ことさら笑いを意識した番組作りをしているとは思えない。実際、テレビ番組の視聴率を提供するビデオリサーチ社の分類では、『路線バスの旅』は、娯楽番組ではなく「教育・教養・実用」にジャンル分けされている。

しかし、私たち視聴者の側は、この番組を明らかにバラエティとして見ているのではなかろうか。なぜならそこには、近年のバラエティ番組の多くに共通する二つのエッセンスがあるからだ。

一つは、「奇跡」である。偶然一本のバスの乗り継ぎが上手くいったことによってぎりぎりで目的地に到達できれば、それは奇跡になる。

このように現実の空間のなかにある目標を設定し、それを達成するというスタイルのバラエティは、八〇年代後半から九〇年代のドキュメントバラエティ隆盛を機に定着した。

たとえば、一九九六年放送開始の『めちゃ×2イケてるッ！』の看板企画だった「オファーシリーズ」が代表的だ。このシリーズでは、ナインティナインの岡村隆史がプロでも難度の高いダンスをステージで披露するなどきわめて困難な目標を番組から与えられ、一定の期間内にそれを達成しようとする。だがそのためには、並大抵ではない努力とともに奇跡が必要になる。

ただ、そうした場合の奇跡は〝起こす〟ものである。一方、『路線バス』の旅の場合、奇跡は〝起きる〟ものである。後者の奇跡は、あくまで運に左右される。だから奇跡が起きず、ゴールに到達できない結末も、ありうることとしてごく自然に受け入れられる。

その点、『路線バスの旅』のベースには「ユルさ」がある。そしてこのユルさこそが、近年のバラエティのもう一つのエッセンスである。

たとえば、テレビ東京『モヤモヤさまぁ～ず2』でさまぁ～ずと絡む街の人々の振る舞いは本人にとっては普段通りで、とりわけどうということもないだろう。だがその計算していないなんでもなさが笑いを誘う。

『路線バスの旅』では、出演者である蛭子能収の行動がそれに似ている。旅番組であるのに、その土地の名物ではなく自分の好物のかつ丼やカレーばかり食べる、バスのなかですぐに居眠りしてしまう、など。途中少し時間が空いたので好きなパチンコをした結果、ゴールに失敗してしまったこともあった。こうした一連の振る舞いには、蛭子さんなら普段もきっとそのままだろうと思わせるリアリティがある。

要するに、ユルさとは極め付きの日常性のことだ。そして『路線バスの旅』の根本的な魅力もそうした日常性にある。そもそも路線バス自体が、日常生活で買い物などの近場の移動のための交通手段である。だがその路線バスが番組の設定したゲーム的文脈のなかに置かれるとき、思いもかけぬところに非日常的瞬間が生まれる。その非日常の究極の姿が奇跡と呼ばれるのである。だが結局それも、あくまでユルい日常の延長線上に起きるささやかな出来事でしかない。視聴者はそのようなバラエティとして『路線バスの旅』を〝発見〟したのである。

## 〈ネタへのリテラシー〉から〈ガチへのリテラシー〉へ

実はそこには、バラエティに関する視聴者のリテラシーの、ささいなようで実は見逃せない変化が見て取れるように思われる。

かつて一九八〇年代前半、ＴＢＳテレビ『スチュワーデス物語』が、コメディではないのに笑えるドラマとして人気になった。大映ドラマならではの独特の過剰さを、視聴者はある種のボケとして勝手に読み込んだのである。それは、一九八〇年代初頭の漫才ブームを経て視聴者が身に着けた〈ネタへのリテラシー〉が発揮されたものだったと言えよう。

それに対し、『路線バスの旅』で視聴者が発揮しているのは、いわば〈ガチへのリテラシー〉である。視聴者は、ますます仕込みに対して敏感になっている。とはいえ、仕込みが単純に悪いと考えているわけではない。テレビ番組である限り、そこになんらかの演出が必要であることを視聴者はよく知っている。しかしだからこそ、よりリアルな仕込み、ガチであると感じられる仕込みを求める。こうした「ガチ感」が前提にあったうえで笑いが成立するのがいまである。

同じことは、一九九〇年代末のTBSテレビ『ガチンコ!』にも当てはまるように見える。しかし『ガチンコ!』が「ガチンコファイトクラブ」に典型的なように、大仰なナレーションなどによって演出される非日常的な緊張感によってガチ感を出していたのに対し、前述したように『路線バスの旅』は日常的なユルさのなかにガチ感がある。

要するに、〈ネタへのリテラシー〉から〈ガチへのリテラシー〉への変化は、一九八〇年代に成立したバラエティ番組の文法がいま変わりつつあることの兆しであるように思われる。

世の中のあらゆることを笑いの対象にしようとする一九八〇年代のバラエティ番組の姿勢は、当時ラディカルなものだった。その追求は、タモリ、ビートたけし、明石家さんまのいわゆる「お笑いビッグ3」がそれぞれのスタイルで担い、さらに続くとんねるず、ダウンタウン、ウッチャンナンチャンなどお笑い第三世代によって進められたと言えるだろう。

その必然的な帰結として、テレビと外側の現実との境界は曖昧になる。一九九〇年代には、その傾向がはっきりし始めた。日本テレビ『進め!電波少年』のアポなし企画やTBS『ウンナンのホントコ!』の「未来日記」に代表されるドキュメントバラエティの流れがそうである。こうしてバラエティは、日常的現実にどんどん接近してきた。そのなかで制作側は、テレビ的な盛り上がりを確保するために、感動の物語を用意するようになった。ある意味では、笑いからは離れ始めたのである。

だが感動の物語さえも、過剰な作為、予定調和として視聴者は敬遠するようになったのかもしれない。それが近年のバラエティでは、ユルさこそガチの証拠であるとして、それを支持する傾向として現れているのではないか。

## 出演するスタッフ

そうしたガチとしてのユルさがバラエティ番組のベースになってきたなかで最近目立つようになったのが、出演するスタッフの存在である。

もちろんバラエティへのスタッフの出演は、いまに始まったことではない。一九八〇年代前半のフジテレビ『オレたちひょうきん族』のひょうきんディレクターズなどは有名だろう。ただし、そこでのスタッフは素人の延長のような存在であり、あくまで芸人にいじられる受け身の立場だった。この演者とスタッフの関係性は、『スター・ウォーズ』のダース・ベイダーのテーマで登場する『進め!電波少年』のTプロデューサーのような戯画的に関係を逆転させたかたちはあったものの、最近まで基本的に変わらなかったと言ってよいだろう。

そこにある変化を感じさせたのが、二〇〇九年に始まったフジテレビ『マツコの部屋』である。番組の内容は、ディレクターが作ったVTRを見て、マツコ・デラックスがその出来栄えを評価するというもの。その際、当のディレクターもその場にいて、マツコの評を聞く。ところがディレクターは、ただ聞いているだけでなく、異論や弁解があればその場で言う。その様子は場を盛り上げようという素振りもなく、とても醒めていて、ふてぶてしくさえある。

つまりここには、演者と対等な立場でスタッフが登場している。ひょうきんディレクターズのように、演者に近づこうというのでもない。あくまで演者とは別の「スタッフ」として振る舞っている。

ほかにも、ロケの途中でスタッフが冷静な口調で演者に対して指示やダメだしをし、それが一種のツッコミになっているというパターンも最近よく見られる。こうした打ち合わせ的場面は、従来ならカットされるようなものだっただろう。その点では、それを見せてしまうのはユルい。だがいまやそうした場面は、リアリティを出すものとして番組にとって不可欠なパーツとして組み込まれている。ユルくありながらガチなのである。

確かにこうしたスタッフの出演は、従来にないタイプの面白さを生む。しかしもう一方で、テレビ的な基準に沿った振る舞いを強制しているとも言える。それはあからさまに暴力的ではないが、そう振る舞わない自由を奪いかねない。

マツコ・デラックスをはじめ、有吉弘行、坂上忍らの毒舌がいま求められる背景には、そうしたことがあるように思われる。テレビはテレビで現実とは異なる。その当たり前のことを折にふれて再確認させる役割を毒舌は担っている。言い換えれば、テレビとしての面白さを追求する一方で、テレビが野放図になってしまわないよう、その都度ジャッジする役割である。テレビ朝日『マツコ&有吉の怒り新党』や日本テレビ『月曜から夜ふかし』には、マツコと有吉の体験的テレビ談義やマツコとフロアディレクターのやり取りといったかたちでそれがしばしば見られる。

## 新たなコミュニティの発見

見方を変えれば、ここまで述べてきたような現状からわかるのは、それほどまでにテレビと外側の現実の区別がつきにくくなったことで、テレビ自身が、自らの社会的基盤となるコミュニティを見失ってしまったという皮肉な帰結である。「お茶の間」という言葉も最近はめったに使われなくなった。家族がひとつの部屋でテレビを見るという光景がなくなったわけではないが、家族のあり方やメディア環境が大きく変わり、一家団欒の状況だけを想定していれば済むわけではなくなったことは確かだろう。

そのように考えながら改めていまのバラエティ番組全般を眺めてみると、テレビが自分たちの手で、これまで映し出してこなかったコミュニティを発見しようとする番組が増えているのに気づく。たとえば、外国(人)を題材にしたバラエティがそのひとつだ。テレビ東京『ＹＯＵは何しに日本へ?』(以下、『YOUは何しに』と表記)は、先述のような「出演するスタッフ」が活躍するバラエティ番組の代表格である。スタッフが空港でいきなり外国人にインタビューを敢行し、訪日の目的を聞く。そして面白そうなものに密着取材を依頼する。MCのバナナマンへのクロマキー処理を見ても、それは『進め!電波少年』の系譜に連なっている。アポなし企画の応用であり、かつての猿岩石による「ユーラシア大陸横断ヒッチハイク」企画の逆パターンである。

しかし、異国の生活との関わり方は両者で全く違っている。猿岩石の場合と違い、『YOUは何しに』で密着される外国人は、日本人と結婚するため相手の実家に挨拶に行くなど、しばしば日本人のコミュニティに深く関わっていく。

それは、朝日放送テレビ『世界の村で発見!こんなところに日本人』のように日本人が異国の生活風習に入って奮闘する姿をとらえるのとはちょうど逆の形だが、他者のコミュニティに入っていこうとする人びとの感動的な姿を映し出すという意味では、『YOUは何しに』と同じだろう。つまり、文化の異なる者同士のつながりによるコミュニティを、いまのバラエティ番組は積極的にとらえようとし始めている。

それは、日本社会が対象でも同様である。フジテレビ『アウト×デラックス』がその好例だ。

最近のバラエティ番組では、オタクと呼ばれる人びとがよく取り上げられる。しかし往々にして、それらの人は好奇の目を向けられ、そういうものとして笑いの構図に回収される。すなわち、日常の外側にいるかのような存在として扱われる。

それに対し、『アウト×デラックス』では、そのような人びとは身内として扱われる。だがそれは同情したため仲間として迎えるということではない。あくまでそれらの人びとは変わった人たちである。オタク的な趣味を持つ人に限らず、変なこだわりや性癖を持つ人、とてつもない思い込みをしている人など、〝アウト〟の中身は問われない。〝とても変わっている＝アウト〟な存在、つまり異質であるという点において同じなのである。だから、やはりマツコが本当にガチかどうかを判定するため目を光らせている横で、ナインティナインの矢部浩之は、ガチな本物に対して笑顔を浮かべながら「アウトォ～」とゆるく宣告し、「アウト軍団」というコミュニティが作られていく。

また、今年二〇一四年に四回にわたって放送されたテレビ東京『家、ついて行ってイイですか？』も、切り口は異なるが通じるものがある。

真夜中の駅前や繁華街にいる人びとにスタッフがインタビューをし、事情を聞く。そして終電を逃したとわかると、タクシー代を負担するので相手の自宅まで行ってもいいかと頼む。スタッフによるインタビューから密着取材という流れは、『YOUは何しに』と同じである。外国から日本に来た人ではなく、日本に住んでいる人という点が異なるだけである。

密着取材の相手は、多くが会社員や学生など普通の人たちであり、その住まいもとりわけ変わったところがあるわけではない。だが部屋に置いてある品物や調度品などをきっかけに、一見普通の人びとの家族や肉親への秘めた思いやこれまでの人生の紆余曲折が一瞬あらわになる。

それはおそらく、真夜中という時間がなせる業である。真夜中とは、一つの日常が終わり、次の日常が始まる直前の狭間、つまり日常の連続と思われていた時間のなかにふと生まれる束の間の非日常である。そこに私たちは、『路線バスの旅』と同様、日常の延長上に起きるささやかな奇跡を目の当たりにしたような気にさせられる。そして、コミュニティとは、同じようで実はそれぞれ全く違うバックグラウンドを持つ個人がどうにか折り合いをつけて他者と共に暮らす場であることが浮き彫りにされるのである。そのコミュニティは、「アウト軍団」と本質的に異なるものではないはずだ。

## SNSは、テレビにとってコミュニティになりうるか?

こうしたバラエティ番組のコミュニティ志向の背景には、おそらく東日本大震災発生をきっかけに私たちの意識に起こった変化も影響しているだろう。日常生活の場を土台から奪われた数多くの被災者が生まれるなかで、家族や地域などコミュニティについての私たちの意識がより研ぎ澄まされたことは間違いない。前述したように、テレビと視聴者との関係においてお茶の間のようなコミュニティの姿はすでに以前から見失われていた。しかし、東日本大震災の発生以降、「テレビは誰に向けて発信すればよいのか?」という問いは確実に切迫度を増したように見える。

それに関連して、テレビがいま最も腐心していることのひとつは、SNSとどのような関係を築くかであろう。ニュース番組や情報番組では、ツイッターの番組専用のハッシュタグに寄せられた視聴者の投稿が次々と画面上を流れていく演出も、もはやそれほど珍しくない。

　ネットからの視聴者の投稿という点では、バラエティ番組でもそれを生かしたものが、すでにしばらく前から存在する。二〇〇八年からレギュラー化されたＮＨＫ『着信御礼！ケータイ大喜利』などは代表的なものだ。毎回万単位の投稿があるというこの番組は、お題と回答からなる大喜利という独特のコミュニケーション形式に基づいた濃密なコミュニティを形成している。

　ただこれは、視聴者参加という今までもあったかたちの延長線上に目新しい手段としてネットがあるという場合である。一方、ＳＮＳが、かつてのお茶の間に代わるようなコミュニティになりうるのかについては未知数な部分もまだ多い。

　たとえば、フジテレビ『テラスハウス』を見てみよう。この番組は、シェアハウスで共同生活を送る若者男女六人の台本のない暮らしを記録するドキュメントバラエティである。中心になるのは、共同生活のなかで芽生える恋愛感情、そして相手への告白である。その点、かつてのフジテレビ『あいのり』が思い起こされる。だが『あいのり』の若者たちは、海外を一つの車で共に旅するなかでの恋愛ということで、日常生活から切り離されていた。それに対し、『テラスハウス』は、職業もタイプも違う若者が共に生活する。その部分は、ここまで述べてきた現在のテレビのコミュニティ志向を反映しているだろう。

　ところでこの『テラスハウス』では、二つの番組の見方が番組側から提供されている。

ひとつは、従来に近いお茶の間スタイルである。この番組では毎回最初、途中、最後などで、Ｙ

OUやトリンドル玲奈ら出演者たちが感想を語り合う場面が挿入される。さらに当日の放送分を見ながら出演者たちが語るのを副音声で聞くこともできる。いわばそれは、番組内お茶の間である（『あいのり』にもスタジオトークのパートがあり、これはその発展形とも言える）。

もうひとつは、SNSを使ったスタイルである。この番組では、ツイッターの同一ハッシュタグ上で、出演中の若者と視聴者が放送中にリアルタイムでつぶやくことも行われている。二〇一三年三月二九日には七万を超えるツイートが番組放送中だけで集まったと言う。こちらは、SNSをコミュニティ化する試みである。

ここで二つのかたちを比べて思うのは、〝お茶の間からSNSへ〟というような単純な移行を想定することは、事の本質を覆い隠してしまうかもしれないということである。

お茶の間的な見方には、番組に対する一定の距離感がある。出演者の若者に対し強い思い入れを抱いて見ることも、批評的に見ることも、どちらも可能だ。それに対し、SNSでは、出演者とつながることも簡単にできる。そこには共感のコミュニティが瞬時に生まれる。しかし反面、お茶の間的な見方では可能だった対象との距離感は失われざるを得ない。

要するに、お茶の間とSNSとでは、見方の質、番組との関係性の質が、そもそも違っている。これからは、SNSによって可能になるような共感のコミュニティが視聴モデルになるという考え方も当然あるだろう。だがそこで生まれるコミュニティが、共感というようなメンバー間の同質性あるいは内輪性の再確認だけで終わってしまうようであれば、これまで見てきたような、最近の優れたバラエティ番組が発見しようとしている異質な他者との出会いに基づくコミュニティと似て非なるものになってしまう。テレビにおけるＳＮＳの可能性は、お茶の間よりもコミュニケーション的な広がりを持ち、見知らぬ他者とも交わることのできる点にこそ求められるべきだろう。

## 7 趣味人・タモリ ――いま、視聴者が求める理想の「おとな」とは

### 旅するタモリ

エリック・クラプトンの渋い歌声に被さる「この惑星では、人生は旅に例えられる」という重厚なナレーション。画面に映っているのは、シックな内装の施された豪華な列車だ。夜の静寂のなかをゆったりと走る鉄道の旅は、いかにも落ち着いた「おとな」の雰囲気を感じさせる。

これは、トミー・リー・ジョーンズが宇宙人に扮した最近話題の缶コーヒーのCMである。旅の主はタモリ。終戦の年に生まれたタモリも今年二〇一五年でちょうど七〇歳を迎える。確かに人生の酸いも甘いも噛み分けたと言われておかしくない年齢である。

二〇一四年三月にフジテレビ『笑っていいとも!』が三二年に及ぶ歴史の幕を下ろしたタモリだが、同じ一〇月からは同局で新番組『ヨルタモリ』が始まった。夜一一時台の放送で架空のバーが

舞台と聞けば、一九八〇年代の日本テレビ『今夜は最高！』を思い出す人もいるに違いない。それは夜の顔としての「おとな」のタモリだ。古いファンにとっては、ようやく本来のタモリが戻ってきたというところだろうか。その意味では、缶コーヒーのCMは、そんな世間の空気を敏感に感じ取っているのかもしれない。

ところが、CMのなかには、そんなしっとりと落ち着いた雰囲気には一見似つかわしくない場面がある。それは、友人役の山田五郎とみうらじゅんを前にタモリが「産まれたての仔馬」を演じる場面だ。タモリは、まだ足元がふらついて立てない仔馬の姿を巧みに真似て、二人を笑わせる。

そんな風変わりな芸を披露しているタモリに分別ある「おとな」の姿を重ねることは難しい。しかし、ではタモリは「おとな」ではないのかと言うと、そうではないだろう。むしろそんな芸をするタモリにこそ、私たちは理想の「おとな」を重ねているのではないか？

だがデビューしてからの四〇年ほどのあいだ、タモリはずっと私たちの理想の「おとな」だったわけではない。おそらく変わったのは、テレビを見る私たち視聴者の側なのだ。だからいまのタモリのポジションを理解するには、テレビと視聴者の関係の変遷について、まず知っておく必要があるだろう。

## 「低俗」から素人へ

「テレビがつまらない」「見る番組がない」という声を耳にすることがある。そこには、「「おとな」の鑑賞に堪える番組がない」「低俗だ」という意味合いが含まれているだろう。だが、そうした批判はいまに始まったことではない。ある意味でこれまでのテレビの歴史は、そのような「低俗」批判とそれに対する反発の歴史でもあった。

まず一九五〇年代後半のテレビ草創期に、評論家・大宅壮一による有名な「一億総白痴化」説があった。大宅は週刊誌上で「テレビにいたっては、紙芝居同様、いや紙芝居以下の白痴番組が毎日ずらりとならんでいる。ラジオ、テレビというもっとも進歩したマス・コミ機関によって、〝一億白痴化〟運動が展開されているといってもよい」と嘆き、やがて「一億総白痴化」は流行語にもなった。

きっかけは、日本テレビ『ほろにがショー 何でもやりまショー』のある企画だった。野球の早慶戦で、仕込みの人間が早稲田側の応援席で慶応の応援旗を振って騒ぎになる様子をこっそり撮影し、放送したのである。これを見ていた大宅は、このままいけばテレビが国民をバカにしてしまうのではないかと危惧し、テレビ批判を展開するようになった。

それに反発した制作者もいた。そのひとりで、当時NHKにいた吉田直哉は、「作り続けるバネになったのは大宅さんの〝一億総白痴化論〟への反発でした」と後に述懐している（読売新聞芸能部編『テレビ番組の40年』NHK出版、一九頁)。一九五〇年代から六〇年代にかけて、吉田は、新興宗教、やくざ、隠れキリシタンなどを題材に日本人の心性に迫った社会派ドキュメンタリー『日本の素顔』や大河ドラマが現在の歴史ドラマとなる礎を築いた『太閤記』(一九六五年)などを世に送り、「おとな」の鑑賞に堪えるテレビのあり方を示した。

だがその大河ドラマに思わぬライバルが現れる。一九六〇年代末、同じ時間帯で始まった日本テレビ『コント55号!裏番組をぶっ飛ばせ!!』の野球拳が爆発的な人気を呼び、視聴率で大河ドラマと拮抗するまでに至ったのである。

このなりふり構わぬとも見えるやり方に「低俗」という批判が集中した。それは同時に視聴率至上主義への批判でもあった。すなわち、視聴率欲しさに視聴者の興味本位な部分に迎合するあまり、番組の質をないがしろにした「低俗」な番組が増えるという批判である。

同じ観点から、テレビの子どもに対する悪影響も心配された。たとえば、つい最近まで日本PTA全国協議会が「子どもに見せたくない番組」(「ワースト番組」)を毎年発表していたが、そこにはテレビが子どもたちをバカにするのではないかというような、大宅壮一に似た親や教師の心配が見て取れる。

だが一九七〇年代に入ると、心配された当の若い世代を中心とする視聴者が、テレビを自分たちの〝遊び場〟に変えていく。視聴者参加番組の隆盛である。野球拳を見ていた子どもたちは、いまや大学生ほどの年齢に達し、『パンチDEデート』(関西テレビ)や『プロポーズ大作戦』(朝日放送）など当時関西から続々と誕生した視聴者参加番組に出演した。そのなかで「フィーリングカップル5vs5」の5番の席に座る大学生など、積極的に面白さをアピールする若者も現れた。素人の時代が始まったのである。

## タモリの登場――一九七〇年代と八〇年代の狭間で

タモリもまた、大きな文脈でみればこうした素人の時代の到来によって世に出る機会を得たひとりだと言える。

故郷の福岡でサラリーマンをしていたタモリが公演でたまたま訪れていたジャズピアニストの山下洋輔に見出されて上京することになった話は、知る人ぞ知るところだろう。デビュー前のタモリは、夜な夜な新宿のスナックで常連客を相手に、でたらめ外国語や物真似など後に「密室芸」と呼ばれるようになるマニアックな芸を披露して喝采を浴びていた。それは、冒頭に触れたCMでの仔馬の物真似の原点でもある。

そうしたタモリの笑いは、ブレークのきっかけとなった「四カ国親善麻雀」のようにパロディやナンセンスをベースにした、時に毒を含むような知的な笑いだった。それは、決して万人受けするものではなかった。「密室芸」全般がそうであったように、わかる人だけがわかって喜ぶタイプのものだった。

そんなタモリの笑いのセンスは、一九八二年から始まった『笑っていいとも！』でも、当初大いに発揮された。タモリを司会に抜擢した番組プロデューサー・横澤彪の狙いも、女性視聴者の多いお昼の番組にも知的な笑いをということだった。当時タモリが番組で繰り広げた名古屋の土地柄や「ネクラ」な人間に対する毒を含んだ批評を覚えている方もいるだろう。

しかし、タモリの攻撃的な舌鋒は次第に影を潜め、「国民のおもちゃ」と自らのことを呼んだような自虐的な面が強くなっていく。言い換えれば、出演者でも観客でもある素人たちのお祭り騒ぎ、そしてそれに参加する自分の様子を脇からシニカルに眺めるような傍観者的ポジションになっていった。

その変化は、テレビにおいて二〇代から三〇代前半の若い女性視聴者が「Ｆ１層」と呼ばれて注目され始めた時代と重なっている。実際、視聴者応募による『笑っていいとも！』の主な観客層も同じであった。テレビ全般が「おとな」よりもこうした若者向けになっていく傾向は、一九八〇年代後半から九〇年代にかけてのトレンディドラマの流行でいったんピークに達する。そこでは、オシャレなライフスタイルを送る若い男女のゲームのような恋愛模様が手を変え品を変えて繰り返し描かれた。

結局タモリは、一九七〇年代から続く素人の時代の流れに乗っていた一方で、テレビがＦ１層など若者の時代になっていく一九八〇年代の流れの中心からは外れていた。だが、それを大宅壮一のように分別ある「おとな」の立場から批判するわけでもなかった。

# 趣味人・タモリ

では、タモリの立ち位置とはどのようなものだったのか?

その答えのヒントになりそうなタモリの興味深い発言がある(『ほぼ日刊イトイ新聞』掲載「タモリ先生の午後。2008」)。

タモリは言う。自分の人生のなかで一番精神年齢の高かったのは幼稚園時代であり、その頃すでに「偽善」ということについて考えていた。

ここでタモリが「偽善」という言葉で指しているのは、広い意味での「ちゃんとしたこと」である。ルールや様式と言ってもいい。そういったものに対する嫌悪感が、幼いころからタモリにはあった。

それに対しタモリが強調するのは、リズムの大切さである。タモリによれば、リズムというのは「守る、守らない」ではなく、「合う、合わない」である。決まったルールは守らなければペナルティを受けるが、リズム感はそれぞれ違っていてもよい。むしろ個々の多様なリズム感のアンサンブルによって、その場の全員にとって心地よい空間が生まれる。そこがルールとリズムの決定的な違いである。

タモリは、高校時代にモダンジャズと出会って魅了され、早稲田大学進学後「早稲田大学モダンジャズ研究会」に入った。芸名の「タモリ」が、ミュージシャンの間での言葉遊びに習って本名の

「森田」をひっくり返したものであることを知っている方も多いだろう。

ジャズの大きな魅力はアドリブセッションにある。楽譜で決められた通りに演奏するのではなく、それぞれのプレイヤーが自分のリズム感で自由に奏でながら全体のアンサンブルを作り上げていく。森田少年が魅せられたのも、そんなジャズのアドリブだった。タモリが語るルールとリズムの対比にも、そんなジャズ的な価値観が背後に色濃く感じ取れる。

タモリがずっと拠り所にしてきたのは、こうしたジャズセッションのように、同好の士が集まり、各自のやり方で楽しむ場ではなかろうか。言い換えれば、好きなものが同じという共通項だけで結びついた趣味人の世界である。

そのような趣味人・タモリが前面に出ている番組が、いうまでもなくテレビ朝日『タモリ倶楽部』である。開始当初はメロドラマのパロディなど、タモリならではの知的笑いをベースにした企画も多かったが、次第に鉄道や地図・地形など、タモリの個人的な趣味と連動したような企画が中心になってきた。

『タモリ倶楽部』は、『笑っていいとも!』と同年同月に放送が始まっている。そして『笑っていいとも!』が終了しても『タモリ倶楽部』は続いた。その時、タモリは自虐的である必要もなくなり、自分のホームである趣味の世界に晴れて戻ることができたのである。『タモリ倶楽部』の常連的存在である山田五郎とみうらじゅんが冒頭の缶コーヒーCMに友人役として出演しているのも、そんな印象をより深くする。

## 新しい成熟のかたち

いま視聴者は、こうした趣味人・タモリを理想の「おとな」として再発見しているように見える。『笑っていいとも！』終了が発表された際、NHK『ブラタモリ』復活の声が多くの視聴者から上がったことなどは、そのことを物語るだろう。タモリが古地図を手に好奇心のおもむくままに街を散策する『ブラタモリ』は、まさに趣味人としての「おとな」のタモリがストレートに出た番組だからである。

その背景には、私たち視聴者のあいだにオタク的な生き方が定着しつつあるという面があるだろう。その傾向はいまや年齢や性別を問わない。『タモリ倶楽部』の鉄道企画でも、最近は年上の男性出演者に混ざって、アイドルの廣田あいかやモデルの市川紗椰のような一〇代、二〇代の女性が頻繁に登場するようになった。

オタク的な生き方は、ネガティブに捉えられる場合もまだ多い。ひとつの理由は、オタクと呼ばれる人々が、社会との接点を持とうとしないように思われているからだろう。社会の一員である自覚を持つことが「おとな」になる第一歩であると考える人たちからは、自分の趣味の世界に閉じこもりがちなオタクは批判の対象になる。

だがほかに「おとな」になる道筋はないのだろうか？

そう考えた時、タモリの存在は一筋の光明になるはずだ。ルールよりもリズム、つまり社会よりも趣味に生き続けることを現実にずっと実践してきた最良の手本がタモリだからである。

　思うに、いま私たちは新しい成熟のかたちを模索しているのかもしれない。年輪を重ね、分別を身につけた「おとな」になることだけが成熟ではない。違うかたちの「おとな」もありうるだろう。そう考え始めた私たちの目には、タモリの存在はひとつの希望のように映っているのに違いない。

## 8 なぜ、テレビは散歩番組を作るのか
### ――「ハレ」のメディアから「ケ」のメディアへ

いまテレビでは、散歩番組が花盛りだ。芸能人や有名人がどこかの街を訪れ、特にこれといった目的もなくぶらぶら歩く。シンプルに言えば、ただそれだけの番組である。

こうした番組は旅番組の一ジャンルということになるかもしれない。そういう意味で言えば、海外でロケをする大がかりな旅番組などに比べると地味な存在のようにも見える。ところがここ最近、散歩番組は、旅番組の主流になっていると言っても過言ではない。本数の多さだけでなく、各テレビ局には看板番組と言えるような散歩番組が揃っている。

## 散歩番組の魅力とは

では散歩番組の魅力は何だろうか？

それは一言で言うなら「普段着の魅力」である。そしてさらにその魅力を大別するなら、街の魅力と人の魅力という二つの側面があるだろう。

一般的に旅番組では、観光名所を訪れ、名産品や名店などを紹介する。そして老舗旅館や有名ホテルに宿泊し、豪華な料理や温泉を堪能する。つまり、非日常的な贅沢を味わえるところが旅番組の特徴だ。

それに対し散歩番組では、地元の人々が利用する商店街が登場し、評判のお惣菜、地元で人気の定食屋や喫茶店などが紹介される。そこにあるのは日常であり、普段着の街の魅力である。散歩番組が数多く作られる背景には、制作費が比較的かからずにすむというような点もあるかもしれないが、より本質的には普段着の街をぶらぶら歩く雰囲気のリラックスした心地よさが、視聴者にとっても自分の経験に照らし合わせて実感しやすいからではあるまいか。

一方、人の魅力が占める部分も大きい。お店の人、買い物をする人、学校や会社帰りの人、さらには犬を散歩させている人など街中で出会うさまざまな人たちとの交流が散歩番組にはある。

そこでの会話は、多くが世間話の域を出ないとりとめのないものだ。だが、そうした何気ないやりとりのなかに、その人の飾らない素顔や個性が見える。散歩番組には、そんな普段着の人の魅力を浮かび上がらせるコミュニケーションの楽しさがある。商売柄そうしたコミュニケーション術に長けているお笑い芸人がメインの散歩番組が多いのも、そのあたりに理由があるのだろう。

### 散歩番組の系譜

ここでいったん散歩番組の系譜をたどってみよう。

散歩番組には、ドラマやドキュメンタリーなどのように比較的わかりやすい定義があるわけではない。だが出演者が街をただぶらぶら歩くという点に注目すれば、一九八〇年代に関西ローカルで放送されていた『夜はクネクネ』(毎日放送)に思い当たる。

『夜はクネクネ』の放送開始は一九八三年。フォークグループ・あのねのねの原田伸郎と毎日放送のアナウンサー・角淳一が夜の街に出かけ、そこで偶然出会った人々と交流する。すべては行き当たりばったりで、目的は決まっていない。まさに現在の散歩番組のひとつの原点がそこにあると言ってよい。

この番組の場合、街の魅力か人の魅力かという点で言えば、重心は後者にある。芸人顔負けの原田と角の話術が素人の魅力を引き出す。また素人の側も関西ならではのノリのよさで応酬する。最近の言い方で言えば、「キャラが立った」人々が続々登場する。その面白さは、一九八〇年代前半のテレビではきわめて新鮮なものだった。

そうした関西特有とも言えるお笑い的コミュニケーションは、同じ頃起こっていた漫才ブームをきっかけに全国へと浸透していったと考えられる。そこで一躍スターになったザ・ぼんち、島田紳助・松本竜介、そしてその流れのなかでスターになった明石家さんまなど、漫才ブームには吉本ブームの側面があった。それらのお笑い芸人が繰り広げたボケとツッコミを基調にした笑いのコミュニケーションは、テレビを通じて全国に広まった。それによって、関西でしか成立しえなかった『夜はクネクネ』のようなロケ番組が、他の地域でも成立するような土壌が育まれていったのではないだろうか。

もう一方で、街の魅力を伝えるような番組は、それとは別の系譜として存在した。読売テレビ制作の『遠くへ行きたい』は、一九七〇年から現在も続く長寿旅番組である。日本各地を訪れ、その街の風俗・文化や歴史を紹介し、地元の人々と接する。

この番組が従来の旅番組と違っていたのは、永六輔など旅人の個性がより前面に出ていたことである。その分、単なる紹介に終わることなく旅人の印象や実感が伝わり、視聴者にもより身近に感じられる番組になった。その点で、現在の散歩番組にも通じる部分がある。

とはいえ、有名な主題歌の一節「知らない街を歩いてみたい どこか遠くへ行きたい」が物語るように、この番組は純粋な散歩番組とも言い難い。番組自体、当時の国鉄によるキャンペーン「ディスカバー・ジャパン」の一環として企画されたように、日本を再発見しようという外側から見た視線がそこにはある。それに対し、散歩番組には日常そのものを体感しようという内側の視点があると思えるからだ。その意味で、『遠くへ行きたい』は旅番組と散歩番組の中間に位置するような番組と言えるだろう。

簡単ながら以上を前史とすれば、現在の散歩番組に直接つながるような番組が登場するのは一九九〇年代になってからである。

一九九二年に始まった『ぶらり途中下車の旅』（日本テレビ系）には、旅番組が散歩番組に一段と接近していく様子が見て取れる。

この番組は、毎回旅人が途中下車しながら鉄道路線を旅する。登場するのは基本的に関東地方を走る在来線や私鉄各線、つまり通勤や通学、買い物など日常生活の必要のために使われる路線である。その路線の利用者は、通常目的の駅以外で降りることはない。それに対し、この番組の旅人は特に目的もなく途中下車して、その駅の周辺をぶらぶら歩く。要するに、形式としては鉄道の旅だが、実質は散歩に限りなく近くなっている。

また一九九五年には、『鶴瓶の家族に乾杯』（NHK）がスタートしている。

笑福亭鶴瓶が毎回ゲストとともに全国各地の街を訪れ、「ぶっつけ本番の旅」を繰り広げる。その点、『夜はクネクネ』を思い起こさせる。先ほどふれたように、関西限定だった笑いのコミュニケーションが全国的なものになったことを証明する番組のひとつという見方もできるだろう。関西出身の鶴瓶もまた、笑いを交えた抜群のコミュニケーション術で、偶然出会った地元の人々の懐にすっと入り、その素の表情や個性をいつの間にか引き出していく。そこに普段着の人の魅力が浮かび上がる。

だがそれだけではない。この番組が優れているのは、観光目的とはまた違った街の魅力も同時に見えてくるところだ。

たとえば、鶴瓶が番組の冒頭で出会った人との話に出てきた家族や友人に、探しているわけでもないのに別の場所で出会う、といった偶然がこの番組ではよく起こる。鶴瓶がいわば触媒の役割を果たし、その街の人と人とのつながり、コミュニティが、そこに暮らす人たちの息遣いが感じられるような生活の場とともに姿を現す。それは、名産品や名所の紹介からは見えてこないその街の日常だと言えるだろう。

## 散歩番組の現在

そして二〇〇〇年代以降、散歩番組はひとつの確かな潮流となっていく。

その先鞭をつけた番組が二〇〇六年開始の『ちい散歩』(テレビ朝日系)である。俳優の地井武男がさまざまな街を散歩しながら人々と交流するというごくシンプルな構成の番組だが、地井の誠実で人情味あふれる人柄も相まって人気番組となった。

この番組の特徴は、凝った演出や映像など作為的な部分をいっさい排したつくりにある。そのため、散歩する人のキャラクターが番組の色合いを決める。『ちい散歩』のあと、加山雄三の『ゆうゆう散歩』（二〇一二年）、高田純次の『じゅん散歩』（二〇一五年）と同じ放送時間帯で散歩番組がシリーズ化していくが、散歩する人が変われば同じ街でも自ずと違って見える。たとえば、現在放送中の『じゅん散歩』で「テキトー男」の異名を持つ高田がいつもの調子の良さで街の人々と交流する姿は、地井や加山とは違う独特の彩りを番組に与えている。

同じことは、現在放送されている散歩番組全般にも当てはまりそうだ。散歩する出演者のキャラクターが番組の個性となり、ひいては散歩番組の多様性につながっている。

二〇〇七年から放送されている『モヤモヤさまぁ～ず2』（テレビ東京系）のスタイルは独特だ。番組のコンセプト自体、テレビではめったに取り上げられない「モヤモヤ」した街、たとえば新宿ではなく北新宿のような街にあえて行こうというもの。街の人々との交流も、テレビ慣れしていない素人ならではの独特の間が笑いを生むというさまぁ～ずらしいものだ。

二〇一二年開始の『有吉くんの正直さんぽ』（フジテレビ系）も、有吉弘行のキャラクターを反映した散歩番組だ。「毒舌」で知られる有吉は、評判の料理であっても、それだけで称賛することはない。番組のタイトル通り、自分の感覚に「正直」に感想を伝える。そこに建前を喜ばない視聴者の共感を呼ぶ要素がある。

異彩を放っているのが、第四シリーズに入った『ブラタモリ』（ＮＨＫ）である。人の魅力を伝えることに比重を置く散歩番組が多いなか、この番組は街の魅力を伝える散歩番組の最たるものだ。街の歴史や発展に影響した地形や建造物などを実際にタモリが専門家とともに歩いて確かめていく。

地図マニアとしても知られるタモリ独特の鋭い観察眼が発揮され、一種の教養番組の趣がある。

また最近は、夜の街を散歩する番組も増えている。たとえば、『夜の巷を徘徊する』（テレビ朝日系）がそうだ。マツコ・デラックスが毎回深夜の街を興味のおもむくままに歩き回る。酒場だけでなく、深夜のカラオケボックスなど昼間とは違う街の表情、人びとの生態が浮かび上がる。人生相談のような会話になっていくことがままあるのもマツコらしい。時にはマツコ自身がかつて暮らした街を歩き、芸能人になる以前の思い出話になることもある。昼が日常だとすれば、そこには束の間の非日常が顔をのぞかせる。

## 散歩番組から読み取れるもの

こうした散歩番組の隆盛から何が読み取れるのだろうか。最後に少し考えてみたい。

ひとつは、私たち視聴者のなかにあるノスタルジックな感情だろう。散歩番組は、街の移り変わりを映し出す。街の近代化や再開発によって風景は様変わりし、失われたものに思いを馳せる。またもう一方で、散歩の目線だから発見できる昔ながらの商店や職人技、食べ物の味がある。世の中がめまぐるしく変わるなかで、変わらないものにふれたときの郷愁をともなう安心感が、散歩番組にはある。

もうひとつは、視聴者とテレビの関係性の変化である。民俗学的な表現を用いるなら、ここ数十年来テレビは、いつも賑やかな祭りが繰り広げられる非日常的な「ハレ」のメディアであった。それに対し、普段着の魅力を感じさせる散歩番組の隆盛は、テレビが日常的な「ケ」のメディアへと変わりつつあることを示しているように思える。言い方を変えれば、視聴者とテレビは段差のない対等な関係になった。

たとえば、『じゅん散歩』の高田純次が街ゆく人に冗談交じりながら失礼なことを言ったりすると、ナレーションのテレビ朝日アナウンサー・下平さやかが「こらこら〜」と視聴者に代わって優しくたしなめる。最近よく見られるそうしたナレーターと出演者が気軽に会話を交わす体の定番的演出は、視聴者とテレビの対等な関係の一端を表現しているように思われる。

その点、単なる一時の流行としてだけでなくテレビの歴史そのものを考えるうえでも、散歩番組への興味は尽きない。

# III　深夜ドラマの時代

## 第Ⅲ部について

ドラマ論であるこのパートは、意識したわけではないのだが深夜ドラマ論のようになった。当然それで平成のドラマを語りつくせるわけではない。だが「平成とは深夜ドラマの時代であった」という視点には、それなりの意味があるように思う。

深夜ドラマが少しずつ注目を浴び始めたのは一九八〇年代以降と言えるだろう。一九八〇年代の終わりに三谷幸喜・脚本によるコメディ『やっぱり猫が好き』(フジテレビ系)が話題になり、さらに九〇年代には、飯田譲治原作・脚本によるSFドラマ特撮『NIGHT HEAD』(フジテレビ系)も評判になった。

それらの作品に比べれば目立たないが、平成の深夜ドラマにつながるという点で見逃せないのが、第9章でもふれる『トライアングル・ブルー』(テレビ朝日系、一九八五年放送開始)である。とんねるず主演のこの作品は、バラエティの手法をそのままドラマに持ち込んだ大胆な試みだった。セリフとアドリブが混然となった不思議なやりとりが延々と続く感じは、とんねるずならではの自由さとも相まって既存のドラマにはない独特の存在感を放っていた。

そのとんねるずのバラエティ番組の演出などを経て、一躍『TRICK』（テレビ朝日系）で名を馳せたのが演出家・堤幸彦である。小ネタや効果音の使い方などバラエティ感覚を存分に生かした手法は、二〇〇〇年代以降の深夜ドラマの基調になっていく。

そうしたバラエティ的ドラマの確立は、放送作家の深夜ドラマ畑への進出を促したと言える。第9章でふれる三木聡や福田雄一、彼らに先立って頭角を現した宮藤官九郎らは、放送作家としてバラエティ番組に携わりながら当初は深夜ドラマの脚本を手がけていた。背景には当然、ゴールデンタイムでは難しい過激な題材や大胆な趣向が深夜では可能だということがあるだろう。バラエティ的な作劇手法が定着した現在では忘れられがちだが、二〇〇〇年代は深夜こそがドラマの実験場だった。

そうした新たなドラマ作りの積極的な受け皿になったのが、二〇〇七年に創設されたテレビ東京の深夜ドラマ枠「ドラマ24」であった。第10章から第12章は、この「ドラマ24」の作品を重点的に扱ったものになっている。

この枠でつくられたドラマのほとんどが、「製作委員会方式」と呼ばれるものである。元々はアニメなどで始まった方式で、テレビ局単独の制作ではなく、広告代理店、出版社、映画配給会社など複数の企業が出資する。それによってリスク分散のメリットがあると同時に、DVD化や映画化、あるいは近年であればネット配信を前提としたドラマの企画ができるようになる。つまり、視聴率にとらわれず比較的自由に制作ができるのである。

第10章から第12章で取り上げた作品や人物は、そうしたなかで輝きを帯びた。

堤幸彦に見出された大根仁は、「ドラマ24」枠の『モテキ』のヒットによってその名を広く知られるようになった。また劇作家として有名なケラリーノ・サンドロヴィッチがテレビ的記憶を自在に織り込んだ傑作コメディ『怪奇恋愛作戦』も、深夜ドラマの自由さ抜きには難しかったはずだ。

そして山田孝之は、深夜ドラマが生んだ最大のトリックスターであろう。すでに演技派俳優として定評のあった山田だが、やはり「テレビ24」枠の福田雄一脚本・演出による「勇者ヨシヒコ」シリーズでブレーク。そこからドキュメンタリーともドラマとも、はたまたコントともつかない『山田孝之の東京都北区赤羽』『山田孝之のカンヌ映画祭』（いずれもテレビ東京系）に出演するなど、深夜のテレビを縦横無尽に駆け巡った。

さて、平成が深夜ドラマの時代であったとすれば、それはどのような意味においてだろうか？

ドラマ制作面から見ると、深夜ドラマはドラマ界への人材の供給源になった。堤幸彦に始まり、大根仁や福田雄一らの活躍の場はゴールデンタイムやプライムタイムへと広がっている。また俳優についても同様だ。山田孝之以外にも、『孤独のグルメ』（テレビ東京系）の松重豊のように脇役中心だった俳優が主役として起用される流れも生まれた。

しかしそれだけではない。深夜ドラマは私たち視聴者にとっても特別な魅力がある。

それは、深夜という時間帯だからこそ味わえる強い連帯感だ。ふとあらわになる主人公の孤独にふれる瞬間、同じく孤独な私たち深夜の視聴者のなかに特別な共感が生まれる。そこには、バラエティなどでは得られないドラマならではの〝理想郷〟がある。

# 9　バラエティなドラマたち　――放送作家のテレビ的冒険

## 放送作家とドラマ脚本家

テレビの放送作家を経てドラマ脚本家になった人は多い。たとえば、フジテレビ『踊る大捜査線』（一九九七年）の君塚良一や同じくフジテレビ『古畑任三郎』（一九九四年）の三谷幸喜といった脚本家たちだ。

この二人の共通点は何か。それは、いずれもバラエティ番組の作家を務め、笑いの要素がベースにあることだ。フジテレビの深夜ドラマ『やっぱり猫が好き』（一九八八年）でドラマ脚本家として頭角を現し、終始コメディという形式にこだわり続けている三谷はいうまでもなく、君塚の初期代表作も、全篇にギャグを散りばめた明石家さんま主演のフジテレビ『心はロンリー気持ちは「…」』（一九八四年）だった。

もちろん彼らは、コメディばかり書いているわけではない。しかし、ドラマのジャンルにかかわりなく、その脚本には笑いというバックグラウンドがあり、それは、当然のごとくシリアスなドラマの端々にも顔をのぞかせる。冒頭にあげた『踊る大捜査線』や『古畑任三郎』を見た人であれば、そのことは自然に頷けるはずだ。

こうしたことは、彼らだけに特有のことではない。この後取り上げる三木聡や福田雄一などの最近の脚本家にも当てはまる。そしてこれら放送作家出身の脚本家たちが生み出す笑いの要素を含んだドラマは、現在のテレビドラマを語るうえで欠かすことのできない独自の位置を占めている。

なぜ、こうした一群の「バラエティなドラマ」は支持されるようになったのか？　その理由を探るために、まず放送作家、そしてバラエティとドラマの関係の歴史を簡単に振り返っておこう。

## バラエティとドラマはいかにして交わるようになったか

永六輔、青島幸男、大橋巨泉、前田武彦といえば、一九六〇年代のテレビ草創期を飾った人気タレントたちだが、彼らは皆、元々放送作家でもあった。とりわけ、永と青島がそれぞれ出演もしたNHK『夢であいましょう』（一九六一年）と日本テレビ『シャボン玉ホリデー』（一九六一年）は、後のバラエティ番組の基本フォーマットを作った。

そのポイントは、大きく二つある。

まず、構成の重要性。バラエティとは、文字通り多種多彩な芸能や音楽を数珠つなぎに見せていく番組である。そこで鍵になるのが、意外性だ。異質なもの同士のぶつかり合いや融合が、視聴者をひきつける魅力となる。それは、最新のヒット曲と伝統芸能といったジャンルのレベルでも生まれるし、歌手が芸人とお笑いを演じるといった出演者のレベルでも生まれる。放送作家には、そのような異化効果をもたらし、組み合わせの妙を生み出す構成の才が要求される。放送作家が構成作家とも呼ばれるゆえんである。

次に、創作コント。この時代、バラエティの基本要素となったのは、ショートコントである。たとえば、「結婚式」というその回のテーマが冒頭に宣言され、それにまつわるさまざまなコントが、歌や踊りなどを挟みながら演じられる。特に『シャボン玉ホリデー』では、コントから「お呼びでない」や「ガチョーン」などの流行ギャグが生まれた。そうしたフレーズは、それのみで面白いわけではない。コントの流れのなかで役柄を演じる植木等や谷啓がやるからこそ面白い。つまりギャグとキャラクターは不可分で、その人がギャグを放つ「間(ま)」、その時の表情や声音があって初めて成立する。

ところで、永にせよ青島にせよ、改めて振り返ってみるとドラマの脚本には目立ったものを残していない。それは個人というよりも時代の問題だろう。当時のテレビにおいて、ドラマとバラエティのジャンル別の棲み分けは、はっきりしていた。両者が交わることはなかったといってよい。

それが変わるのは、一九七〇年代である。

一九七〇年代半ば、萩本欽一が企画・出演したテレビ朝日『欽ちゃんのどこまでやるの⁉』（一九七六年）、通称『欽どこ』のコンセプトは、バラエティでドラマをやろうということだった。そのきっかけは、番組が放送される時間帯にあった。『欽どこ』の放送開始時間は夜九時。これは、当時はドラマの時間帯であり、バラエティが放送されること自体が大きな挑戦だった。

そこで萩本は、裏番組がドラマであることを逆手に取る。バラエティのなかのコーナーをすべて「ドラマ」と称し、それらを萩本たち出演者が、家庭のお茶の間を模したセットにあるテレビで見るという趣向を考案した。たとえば、ゲストに食事をさせ、食べるおかずの順番を当てるコーナーは、「推理ドラマ」である。それを見る萩本たち出演者の感想が、その画面に音声として被さる。これは、バラエティのポイントのひとつ、前述した構成の妙である。ここでは、番組内容の構成というよりは、ドラマとバラエティという番組のジャンルが組み合わされるという意外性である。

こうしてバラエティのドラマ化が枠組みとして設定される一方で、コーナーの一つとしてつくられるドラマがコント化するということが起こる。

タレントの斎藤清六が主演する連続ドラマ「さすらいの刑事」は、サスペンスタッチのメロドラマである。このドラマに、笑わせようと狙ったギャグやセリフはない。ただ、ハードボイルドな二枚目の対極にあるような風貌で、何事も不器用で鈍くさい斎藤が、ヒロインとの恋愛場面やアクション場面を生真面目に演じるだけで、そこに自然に笑いが生まれる。その笑いは、お茶の間のセットのテレビで見ている萩本の要所に入るツッコミで増幅される。この脚本の担当は、萩本属するコント55号のコント台本を数多く手がけた放送作家・岩城未知男である。萩本は、自ら「パジャマ党」や「サラダ党」と称する座付き作家集団を持っており、岩城はその一員でもあった。君塚良一もまた同様であり、この『欽どこ』の構成も担当していた。

## 『スチュワーデス物語』と深夜ドラマ

この「生真面目な演技」と「ツッコミを入れる視聴者」の構図は、一九八三年に放送された大映ドラマ『スチュワーデス物語』（TBSテレビ系）をきっかけに、広く共有されるものになる。しかも重要なのは、この段階では、番組制作側に笑わせようという意図はなかったということである。

一九七〇年代、山口百恵主演の「赤い」シリーズで人気を博した大映ドラマは、ご都合主義をいとわない現実離れした展開とともに大仰なセリフ回しが特徴だった。出演者たちは、あたかも操り人形のように、そのセリフを棒読み口調で語り続ける。セリフ自体の大仰さと口調の棒読み加減に落差が生まれる。それは、一九七〇年代においては、ひとつの演出術が生み出す独特の世界としてそのまま作風というふうに受け止められた。

しかし、『欽どこ』的なバラエティとドラマの交わりを通過儀礼的に経験した一九八〇年代の視聴者は、それを端的に「クサさ」としてとらえるようになる。当時ベストセラーになったホイチョイプロダクションによる『ＯＴＶ』（一九八五年）が使った表現でいえば、テレビ番組の「パターン」への醒めた意識である。同書では、『スチュワーデス物語』は、一九六〇年代後半に栄えた青春根性もののパターンの復活と位置づけられる。視聴者は、その学習済みの既知のパターンをなぞり直し、その異様さや飛躍の非日常性をツッコんで楽しむ。

その一方で、パターンを拒絶し、脱したところに日常性を表現しようとするドラマが同時期出現する。

テレビ朝日『トライアングル・ブルー』（一九八五年）は、現在は当たり前となった深夜ドラマの走りともいえるドラマのひとつである。男女の若者たちの恋愛模様を描くこのドラマには、ストーリーといえるようなストーリーは何もない。誰と誰が付き合い始めたとか、関係を持ったとか、そういった内容の会話が、延々と繰り返される。まさにただそれだけである。登場人物たちは、終始一貫成長せず、変わらない。そこにあるのは、若者の日常にありがちな倦怠と熱気が入り混ざったような空気感のみである。それは、青春根性ものが主人公の成長物語のかたちをとることと対極をなす。

その空気のなかで、出演者のとんねるずが、アドリブ的な振る舞いでドラマをコント化する。たとえば、同じく出演者の川上麻衣子が台本通りのセリフを真面目に語るのに対し、とんねるずは役柄とは無関係な川上本人へのからかいの言葉しか返さない。それでも女優である川上は、カメラが回り続けているので台本通り演技を続けようとする。だがとんねるずは、お構いなしにふざけ続ける。そのうち川上は、ふと沈黙し、怒りとも困惑とも、また吹き出しそうになるのを我慢しているともとれる、演技とも素ともつかぬ微妙な表情を浮かべる。その一瞬の間が、何とも言えぬ可笑しさを生む。

その後、深夜ドラマは、実験的な試みの許される枠として定着していく。その場合、『トライアングル・ブルー』のようにアドリブによってひたすらパターンを無視し、設定を破壊するのではなく、脱パターンのあり方自体がドラマ全体のフレームとして巧みに設定されるようになっていく。そして、放送作家の経験を持つ脚本家たちは、そこに格好の冒険の場を見出していくようになる。

## 三木聡 ――バラエティなドラマたち（１）

三木聡は、シティボーイズの舞台の脚本を手がけるなどコント作家としてのキャリアを積みつつ、テレビドラマの脚本を手がけるようになった。その意味で、三木の提示する笑いは、必ずしもテレビでなければならないわけではない。実際、テレビドラマよりも最近は、映画でその独特の世界を構築している観がある。それは、三木がテレビ的とか映画的というようなメディアの種類に制約されない普遍的な笑いにこだわっているからだろう。

では、その三木の笑いは、テレビドラマのなかでどのように表れるのか。

三木に限らず、放送作家が脱パターン的設定を試みやすいドラマジャンルのひとつは推理物であるに違いない。推理物自体が一般のドラマよりも細かい約束事のうえに成り立っているからである。

たとえば、現在の深夜ドラマの原点と言ってもいいテレビ朝日『TRICK』（二〇〇〇年）を思い浮かべてみればよい。

三木の名を知らしめたテレビ朝日『時効警察』（二〇〇六年）［三木は第一、二話、最終回の脚本を担当］も、警察官が「趣味」で時効成立した事件を再捜査し、「解決」するという脱パターン的設定の推理物である。あくまで趣味なので、真犯人は明らかになっても逮捕されることはないし、事実が公にされ、何らかの制裁を受けることもない。劇中、わざわざ犯人には手書きの「誰にも言いませんよ」カードが渡されるという念の入り用だ。

要するにそれは、〝捜査ごっこ〟である。そのため、そこで展開されるのは、自ずと「刑事コント」に近いものになる。警察署内に貼られたポスターや小物に散りばめられたパロディや小ネタのオンパレードは、そのフェイク感を否が応でも強調する。

その空間のなかで〝捜査ごっこ〟を繰り広げる、オダギリジョー演じる霧山と麻生久美子演じる五月女のコンビは、漫才コンビで言うボケとツッコミの関係にある。だが、三木の独自性が発揮されるのは、それが単純なボケとツッコミではないということである。二人のやり取りは、熟練したお笑い芸人による丁々発止の掛け合いなどからはほど遠い。

たとえば、第一話で霧山と五月女が、休日に捜査のため駅で待ち合わせる場面。普段はメガネ着用の霧山が、メガネなしで現れる。それを見た五月女が今日はメガネかけてないの？、と聞くと、霧山は「日曜日にメガネをかけるなんてイギリス人じゃないんだから」と答える。意味不明な返答に五月女は、「日曜日にメガネをかけるとイギリス人ぽいの?」とおずおずと問いただすのだが、それに霧山は「うん、イギリス人ぽいね」とおうむ返しに答えるだけだ。彼の表情からは、真剣に答えているのか、とぼけているのかもうかがい知れない。無表情にも楽しげにも見える。五月女は、腑に落ちずひとり悶々とし続ける。

それは、『トライアングル・ブルー』とは逆のベクトルを持つ微妙な表情である。『トライアングル・ブルー』では、川上麻衣子の微妙な表情は、半ば強いられて生まれるものだった。それに対し、霧山の表情は、どうとも取れるがゆえに逆に相手を惑わせるようなものになっている。

言い方を変えれば、それは三木聡が言う「中間表情」である。元々能面の表情を説明する用語だが、三木は、「「笑う」「泣く」といった表情の間にある、微妙な表情」である中間表情のバリエーションが増えてくると、喜劇が作りやすくなると述べる(PUBLIC-IMAGE.ORG 掲載インタビューでの発言)。それは、そこからどういう感情の表出にも変化していくような「間(ま)」そのものが具現したものである。その表情は、演者同士だけでなく、視聴者との関係性においても、ぽんと無造作に投げ出されている。それを見入れば見入るほど、つい吹き出すような不思議な可笑しさがある。

同じく三木聡の脚本でオダギリジョー主演の『熱海の捜査官』(テレビ朝日系、二〇一〇年)では、この中間表情へのこだわりが、さらに高次の水準で追求される。

南熱海市という架空の街を舞台に、スクールバス消失事件の謎をめぐって展開していくこのドラマで、オダギリは、事件捜査のために派遣されてくる広域捜査官を演じている。その人物はやはりとらえどころがなく、口癖も「だいたい分かりましたよ」というどこか曖昧でぼんやりしたものである。

だが、このドラマでは、周りの世界の方がもっと不確実で、怪しい表情にあふれている。時にはどぎつく、時には褪せたような色調が交錯する世界のなかで、超自然的な現象や謎の宗教団体などが絡み、謎がすべて解決されたかと思いきやまた新たな謎が浮上するという、もつれ合う謎の存在が、世界を迷宮に変貌させる。その世界に訪問者としてやって来たオダギリは、ドラマの最後にはそこから去っていく。ただその結末も、この迷宮に呑み込まれたという解釈も成り立つような描かれ方だ。

結局、ここではドラマそのものが、どのようにでも解釈できる中間表情と化し、視聴者の前にぽんと投げ出され、放置されている。このドラマのセリフとしてしばしば発せられるキーワードを借りれば、脚本家と視聴者の「ライン」を超えて、謎解きだけでなく、ドラマ全体を推理物ととらえるのかコメディととらえるのかさえも視聴者に委ねられるのである。

## 福田雄一――バラエティなドラマたち（2）

福田雄一は、三木とはまた違うスタイルで、放送作家ならではの笑いをドラマで表現しようとしている脚本家である。

フジテレビ『33分探偵』（二〇〇八年）は、やはり推理物の脱パターン化が設定の肝にあるドラマだ。「33分」とは、毎回の正味の放送時間に当たる。主演の堂本剛演じる私立探偵は、番組の最初にすでに真犯人が逮捕されているにもかかわらず、三三分という決められた放送時間を持たせるために、間違った推理を延々繰り返す。

三木の笑いがバラエティのフォーマットでいうコント的な笑いであったとすれば、こちらは構成の笑いである。

三三分持たせるために、堂本演じる探偵は、無理やりな推理や現実離れした推理を次々に披露する。それらは、出演者のコミカルな演技や安っぽいCGで推理物のパロディ的パターンとして再現される。いわばそれらは、ショートコントあるいはギャグであり、このドラマは、それらが構成要素となったバラエティの変種である。脚本家は、それらをどのように組み合わせ、ひとつの番組にまとめ上げるか、手腕が問われることになる。

ただし推理物の形式である限り、そこには『スチュワーデス物語』と同様、パターンを熟知した視聴者からのツッコミが入るだろう。だがそのツッコミは先取りされ、ドラマのなかに最初から取り込まれている。助手役の水川あさみは、堂本が真面目に的外れな推理を披露する都度、律義にツッコミを入れるために存在している。

テレビ東京『勇者ヨシヒコと魔王の城』（二〇一一年）でも、同じく構成の笑いは追求される。RPG「ドラゴンクエスト」シリーズの実写化であるこのドラマの最大のポイントは、テレビゲームとその実写化の組み合わせがもたらす意外性の効果にある。モンスターや魔法が不可欠のファンタジーＲＰＧを低予算のなかで実写化しようという絶望的なチープさが、笑いを生む。たとえば、スライムやらマドハンドやらのおなじみのモンスターは、手作り感あふれる張りぼてになり、洞窟に潜むボス的モンスターとの戦闘シーンは突然実写ではなく紙芝居のようなアニメになってしまう。

だからといって、ただふざけているということではない。むしろ、「ドラゴンクエスト」の世界を真面目に再現しようとする意志がベースにあるからこそ、このチープさが面白さとなって見る側に伝わってくる。さらには、最終回のラスボスとの対決シーンのここぞとばかりに力の入った本格的な作りがそれゆえいっそう際立ち、それまで笑って見ていた私たちに不意打ちの感動さえもたらす。

確かに、『33分探偵』と同様、ここでも出演者のひとりである木南晴夏が、ツッコミ的なセリフをたびたび発する。しかしそれよりは、テレビゲームの世界と実写化された世界の落差があまりに大きいため、再現志向から生まれる笑いの強度が勝ることになる。明示的なツッコミの役割は、後退するのである。

その傾向は、日本テレビ『ミューズの鏡』（二〇一二年）でいっそう強まっている。

ひとりの貧しい少女が演劇の天賦の才を見出され、成長していくというストーリーのこのドラマは、出生の秘密が絡み、平野綾演じるお嬢様育ちのライバル役の「ですわよ」口調をはじめ、全員大仰な口調で終始するように大映ドラマの再現を志向している。はっきりしたツッコミ役がドラマのなかにいるわけでもない。

もちろん笑いの要素はある。ＡＫＢ48の指原莉乃演じる主役の少女が演劇の天賦の才を発揮し、トランス状態に入った時の「チュー顔」や「悪魔」などの変顔がそうだ。それらは、指原の思い切りの良さも相まって瞬発力のある笑いを引き起こすものになっている。その点では、大映ドラマのパターンが軽くパロディ化されていると言えるだろう。

だがそこでより目立つのは、『スチュワーデス物語』以降一般化した視聴者のツッコミ的な見方も承知の上で、大映ドラマ的なものの魅力をもう一度提示しようという、一段手の込んだ再現への意志である。

その意味で興味深いのは、福田自らがＭＣとなり、指原が自分の演技を振り返るという趣向で放送された特別編の第五回である。そこでは、指原はあくまで女優として扱われ、いくつかのシーンでの演技について、福田がインタビュアーとなって指原の演技時の心理を探ろうとする。

最初指原は、演出も務める福田の指示のままにしているだけだと繰り返す。その限りでは、アイドルとしての振る舞いの枠内にとどまっており、『スチュワーデス物語』の堀ちえみと何ら変わるところはないように見える。

ところが指原は、福田から質問を重ねて受けるうちにいつしか演技について持論を語り始める。指原は言う。たとえ笑いを狙ったシーンであることがわかっていても、面白いことをやろうとしていると見えないようにしている、と。そして、面白いことをやろうとしていると見せない努力も視聴者にはばれてしまうのではないか、とさらに問う福田に対し、指原は、だからそうならないように、かっこいい自分を演出するのだと答える。

ここでいう「面白いこと」とは、言うまでもなく大映ドラマの「クサさ」である。それがツッコミの対象であることも、演者はすでに視聴者と同様に知っている。だがその醒めた意識を演者が感じ取らせてしまっては、視聴者は笑えない。だからそれでも『スチュワーデス物語』の「クサさ」を再現するには、演者はそのことを知っていることを悟られずに「クサさ」を再提示しなければならない。そう指原は自己解説しているわけである。

しかもここで重要なのは、そのような演者の側の自意識の存在が、視聴者に番組のなかで明かされることである。実際、福田は、当初企画された番組の構成では毎回ドラマ本編の後に、指原自身によるその回の演技の振り返りを入れるはずだったとこの回の冒頭で語っている。つまり、「クサさ」に対する醒めた意識が演者の側にも共有されていることをはっきり伝えることが、演者と視聴者の馴れ合いに陥ることなく、「クサさ」を改めて面白いものとして提示するための必要条件であると福田は考えている。視聴者は、そのことを踏まえたうえで、笑えるかどうか挑まれているのである。

## ドラマを見ること／テレビを見ること

さて、最初の問いに戻ろう。放送作家による一群の「バラエティなドラマ」は、なぜ支持されるようになったのか。

それはおそらく、「バラエティなドラマ」が、ドラマを見ることはテレビを見ることでもあるということに気づかせ、テレビを見ることの快楽に浸らせてくれるからである。

あまりに当たり前すぎる答えかもしれない。しかし、想像以上に私たちは、ドラマとテレビを切り離してとらえがちだ。ドラマには一個の「作品」として自立する側面がある。私たちは、映画を「作品」ととらえるのと同じ感覚でドラマもそうとらえるし、確かにそれは間違いではない。

だが、連続ドラマという形式を思い出すまでもなく、ドラマもまたテレビのフロー的な特性のなかに埋め込まれている。言い換えれば、番組編成のなかで他の番組ジャンルと混在し、それらとの対抗関係や連続性のなかで見られるものである。そもそもテレビとは、一つ一つの番組を「見る」以前に、映像と音声の混然とした流れのなかに「浸る」ものである。自らをすっかり委ね、だらだら漫然と眺めているうちに思わず身を乗り出したり、いつの間にか食い入るように見つめたりしているのがテレビである。

そしてバラエティは、『欽どこ』がかつて示したように、テレビのフロー的な側面を自ら体現しうるという点で、メタ的な要素を持つ特異な番組ジャンルである。その意味において放送作家による優れた「バラエティなドラマ」は、視聴者にテレビを見ることの快楽を改めて発見させてくれる仕掛けに満ちたドラマだと言えるだろう。放送作家としてのドラマ脚本家たちは、過剰にテレビ的であろうとするがゆえの自家中毒の危険を常に抱えながら、テレビ的快楽の冒険を今日も続けていく。

# 10 ループする日常の快楽 ──『怪奇恋愛作戦』が具現するコメディの力

## 『怪奇恋愛作戦』はどこが異色だったのか

二〇一五年一月からテレビ東京系で放送された『怪奇恋愛作戦』は、異色の連続ドラマだった。どこがそうかと言うと、連続ドラマとしての作られ方の部分である。

テレビの連続ドラマは、多くの場合ひとりの脚本家が全話を担当し、それが作品の一貫性を支える基盤になる。演出のほうは複数の担当者で持ち回りのかたちになるのが通常だが、脚本という基盤があるので演出家が複数であることによってドラマのテイストが大きく変わることはめったにない。

ところが『怪奇恋愛作戦』は違った。六つのエピソードのうちエピソード1、2、4、6の四つこそケラリーノ・サンドロヴィッチが脚本・監督を務めているが、残りの二つ、エピソード3とエピソード5は、脚本、監督ともに担当はまったく別のスタッフだった。しかも、作風もかなり異なる。エピソード3とエピソード5は、悲恋をモチーフにしたシリアスな恋愛ドラマの趣が強い。それに対し、ケラリーノ・サンドロヴィッチの担当エピソードは、小ネタやギャグを散りばめコメディ色が前面に出ている。回によってこうしたかなり明確な違いがあるのは、連続ドラマでは相当珍しいケースだろう。

しかしだからと言って、『怪奇恋愛作戦』はオムニバス形式になっているわけではない。演出や脚本の担当者が違っても、その回に起こった登場人物の心理的変化などは後の物語展開に引き継がれている。その点、紛れもなく連続ドラマと言っていい。

つまり、『怪奇恋愛作戦』においては、各エピソードの独立性と物語の連続性が拮抗しながら共存しているのである。

その構図がもたらす効果は、最終のエピソード6で特に顕著なように思える。

「鬼神村と七人の生贄」と題されたそのエピソードはこんな話だ。麻生久美子演じる消崎夏美、坂井真紀演じる揺木秋子、緒川たまき演じる華本冬のアラフォー三人娘ら総勢七名の一行は、連れ立って山間の温泉地である鬼神村へ旅行に出かける。だが鬼神村には鬼にまつわる古くからの恐ろしい言い伝えがあった。夏美らは、鬼の生贄となるべく、老婆が歌う手毬歌の歌詞の通りに次々と生命の危険にさらされることになる。いうまでもなく、モチーフになっているのは横溝正史の『悪魔の手毬唄』だ。

ただそこにあるのはおどろおどろしい怪奇ホラー的要素だけではない。タイトルにある〝恋愛〟の文字にふさわしく、この最終エピソードでは、登場人物たちの恋愛ストーリーが最高潮に達するのがもうひとつの見どころである。夏美と仲村トオル演じる三階堂のまるで中学生のようなもどかしい恋愛をはじめ、それまでの回の経緯を踏まえた恋愛模様がそれぞれのカップルごとに印象的に描かれる。その点では、物語の連続性は見事に維持されている。

しかしもう一方で、このエピソードは、物語の連続性をまるで無視するかのように自らの独自性を主張してもいる。

『怪奇恋愛作戦』の各エピソードは、前後編の二部構成になっている。そこも最近のテレビドラマでは異色と言っていい。そして最終エピソードのケラリーノ・サンドロヴィッチは、そこにタイムリープの仕掛けを盛り込むことによって、二部構成であることの効果を最大限に引き出している。前編では、主要登場人物が次々に殺され、最後には夏美までもそうなってしまう。その展開は、主人公は安全だというお約束を裏切り、見ている私たちの不安を掻き立てる。ところが後編が始まると、殺されたはずの登場人物たちがみな元気でバス停にいる。それは、前編の冒頭とまったく同じ場面だ。そのとき見ている私たちは、時間がループしているのだと気づく。そして後編の終わりでもまた同様のことが起こる。

要するにこの最終エピソードは、物語に結末をつける役割を担う一方で、そうすることに徹底して抗うという矛盾した振る舞いをする。タイムリープという仕掛け自体は目新しくないかもしれない。だが、『怪奇恋愛作戦』における各エピソードの独立性と物語の連続性の拮抗と共存という構図をくっきり前景化させるという点では、きわめて効果的な仕掛けであると言ってよいだろう。

そしてそうなったのは、おそらく偶然の産物ではない。ケラリーノ・サンドロヴィッチは、いくつかのエピソードの脚本・監督である以外に、全体を取り仕切る「シリーズ監督」でもある。とすれば、彼自身が、連続ドラマという形式のなかにエピソードごとが自立する多様性をむしろ積極的に取り入れたという解釈をするのが自然だろう。

その多様性は、当然このドラマに参加したスタッフやキャストの多様性から生まれるものだ。ケラリーノ・サンドロヴィッチは、『怪奇恋愛作戦』のDVD BOXに収められたオーディオコメンタリーのなかで、今回のドラマ制作を報じたニュースで「ケラ人脈総結集」と書かれたことに大いに違和感を覚えたという趣旨の話をしていた。あくまで自分は、多様なスタッフやキャストが参加する場をつくるためのハブ的な役割を果たしているにすぎないのであり、集団を率いるボスではないということなのだろう。そのニュアンスをケラリーノ・サンドロヴィッチは、こんな絶妙な例えで表現していた。「オレさ、ほら、たけし軍団におけるたけしさんじゃないからさ」

## くだらなさの追求　――ケラリーノ・サンドロヴィッチとビートたけし

そこでビートたけしの名が突然出てきたとき、別の意味で私はちょっと驚いた。なぜなら、それまで『怪奇恋愛作戦』のなかのケラリーノ・サンドロヴィッチが脚本・監督を担当したエピソードを見ながら、私は何度もたけしのコントと思い比べていたからである。

『怪奇恋愛作戦』は、「女性3人をメインにした、ホラーとラブコメを組み合わせた「ナンセンスコメディ」のようなものをやりたい」(『テレビドガッチ』二〇一五年一月一二日付記事)というケラリーノ・サンドロヴィッチの元々のアイデアからスタートしている。「ナンセンス」というのは、簡単には説明しづらい面のある言葉だ。だが先述のオーディオコメンタリーで「自分が真っ先にやるべきはくだらないこと」だという彼の発言と考え合わせれば、おそらくこの場合ナンセンスとは、くだらないことにただひたすら徹することなのだろう。

実際、『怪奇恋愛作戦』の世界は、そんなくだらない小ネタやギャグで満ちあふれている。初回冒頭からしてそうだ。巡査に扮したかもめんたるの岩崎う大が、交番でなぜか奈良林祥の『HOW TO SEX』を読みふけっているところに、怪しい男が道を尋ねにくる。そしてその後、その男がすでに捕まったはずの殺人犯と知り、飲んでいたお茶を思わずもうひとりの巡査に扮した相方・槙尾ユウスケに吹きかける。すると槙尾は、飲んでもいないのにお茶を吹き返す。

それはたとえば、たけしが同じ巡査役に扮したこんなコントの一場面と私のなかで重なってくる。自転車で登場した巡査姿のたけしが、駐在所の前に止まるかと思いきや、そのままセットに突っ込んで書割を破壊する。しかし何事もなかったかのように駐在所に入ってくるたけし。そこにヒップアップの小林進演じる一人の青年が待っている。なぜかその駐在所はレンタルビデオ屋にもなっていて、ビデオを借りに来たのだ。（たけし）「名前は？」（青年）「小林進です」（たけし）「高橋さんね」（青年）「はい」（たけし）「お前高橋だろ！」（青年）「いや、ちがいます。小林です」（たけし）「小林旭だな」（青年）「いや、進です」（「おとぼけ商事繁盛記」『オレたちひょうきん族』一九八九年三月一七日放送分より）。

こうした小気味よいテンポでのボケとツッコミの掛け合いは、『時効警察』や『帰ってきた時効警察』のケラリーノ・サンドロヴィッチ担当回でも堪能できる。たとえば定食屋「多め亭」や「早め亭」の店主役である犬山イヌコとオダギリジョーらとの絡みの場面などがそうだ。そして『恋愛怪奇作戦』でも、同じく犬山イヌコ演じる唄子が店主の喫茶「面影」での場面を始めとして、登場人物の会話はすべてボケとツッコミなのではないかと思われるほど、全編にわたって掛け合いが繰り広げられる。

そのなかでも典型的なのが、三階堂と大倉孝二演じる悲別の刑事コンビの掛け合いだろう。この二人の場面では、三階堂の突き抜けた天然ボケぶりに翻弄されながらも、悲別が的確にツッコミを入れていく。たとえばこんな感じだ。第一話での場面。話は死刑囚の死体がなくなったという事件絡みのことから始まるが、いつの間にかそこからどんどん話題は逸れていく。（悲別）「どこ行っちゃったんですかね死体」（三階堂）「そう簡単になくなるもんじゃないだろうからな。俺もライターとかペンとかよく無くすけど、死体無くしたことないもんな」（悲別）「どう受けとればいいかわかりませんけど」（三階堂）「おまえ、好きになっちゃったのか」（悲別）「はい？」（三階堂）「はいじゃないよ。秋子さんて言ったっけ？」（悲別）「ああ……揺木秋子さん。揺れてる木の秋の子」（三階堂）「揺れてたのかな木が」（悲別）「え？　え？」（三階堂）「名前の由来さ」（悲別）「揺木は名字だから。先輩、揺木は名字だから」

ここでも私は、たけしのことを思い浮かべた。もちろん三階堂と悲別の掛け合いの中身がまさに漫才的ということもあるのだが、それだけではない。

よく知られるように、たけしが芸人としてスタートしたのは浅草の劇場だった。そこでのコントは、警官と泥棒、医者と患者などのように互いの役柄と話の簡単な筋書きと結末だけを決めておき、あとは観客の反応などを見ながらすべてアドリブで進めるというスタイルであった（ビートたけし『浅草キッド』新潮文庫、一九九二年、四二—五〇頁）。そのエッセンスは、『オレたちひょうきん族』の「たけちゃんマン」での明石家さんまとのアドリブ的な掛け合いにも受け継がれた。もちろん、三階堂と悲別の掛け合いのほうは、脚本に書かれたセリフに沿っている。だが、文脈を無視して延々続けられるやりとりには、芸人たけしを培った浅草のアドリブコントに通じるものが感じ取れる。

実は、たけしにとっての笑いのキーワードも、ケラリーノ・サンドロヴィッチと同様「くだらない」である。たけしは、「好きなんだよ、くだらないのが。最低だなっていうのが好きなんだね」（北野武『余生』ソフトバンク文庫、二〇〇八年、一六二頁）とくだらない笑いへの偏愛を語る。それは、たけしが一躍注目され世に出た一九八〇年代から現在に至るまで変わっていない。最近はコメンテーター的な役回りでの出演が多いが、それでも時おりたけし軍団とともに見せる下ネタお構いなしの笑いをやっているときや『FNS27時間テレビ』に火薬田ドンのキャラクターで登場して花火打ち上げ失敗の果てにプールに落とされるときのたけしは、水を得た魚のようだ。

人は何かにつけて物事に意味づけをしたがる。その無言の圧力に抵抗することは至難の業だ。しかしそこにあえて挑んでいる稀有な存在として、私はたけしとケラリーノ・サンドロヴィッチに相通じるものを感じたのである。

## テレビ的記憶、ヒーローとの恋

ただ、たけしとやや違うところがあるとすれば、『怪奇恋愛作戦』においては、そうしたくだらなさの追求がテレビ的記憶と密接につながっているところだろう。

いうまでもなく、『怪奇恋愛作戦』というタイトルが物語るように、一九六〇年代に放送された特撮怪奇ものの古典『怪奇大作戦』（TBSテレビ系）がこのドラマの発想源になっている。そしてケラリーノ・サンドロヴィッチ自身によれば、そこに同じく『悪魔くん』（NET〔現テレビ朝日〕系）が加わる。

ケラリーノ・サンドロヴィッチは、まだビデオデッキのない子どもの頃『悪魔くん』と『ゲゲゲの鬼太郎』の再放送時間が重なった際、テレビを二台並べて見るほど怪奇ものが大好きだったという。そして、そこで夢中になって見たシーンが事細かに彼の脳裏に刻み込まれた（DVD BOX付属のブックレットでの発言）。

『怪奇恋愛作戦』では、もちろん妖怪などの造形や表現に最先端の特殊メイクやCGも使われている。だが他方で、かつてのそうしたテレビ的記憶をベースにそれをあえて再現したような場面もところどころに登場する。第一話のラストで夏美が怪人に抱えられてヘリコプターで連れ去られる場面や第三話で冬が運転するタクシーが山道から転がり落ちる場面では、当時の子どもたちが目にしたような、今から見れば手作り感満載の模型を使って撮影がされている。

ただしそれを「チープ」と片付けてしまっては、事の本質を見逃してしまうだろう。ここで再現することは、シニカルに突き放して笑うことを狙ったネタではなく、原始的で強烈なテレビ的欲求のようなものとしてある。つまり、当時そのような特撮を夢中になって見たテレビっ子の側の熱量も込みで表現するようなものとして、その再現はある。それは、かつてフジテレビ『とんねるずのみなさんのおかげです』のコント「仮面ノリダー」で、とんねるずが仮面ライダーの主題歌の歌い方やセリフ回し、撮影されるロケ地などを事細かに再現しようとしたのと同じ類の情熱であるように思われる。

もうひとつ、『怪奇恋愛作戦』がモチーフにするのは恋愛ドラマ、なかでも一九八〇年代のトレンディドラマである。第一話で登場する夏美のマンションは、広々としたテラスの付いたとてもオシャレな部屋だ。そしてそこに主人公の独身女性三人組、三階堂と悲別の独身男性二人が勢ぞろいし、それぞれにほのかな恋の予感を抱く。その全員がアラフォーというひとひねりはあるのだが、雰囲気はいかにもかつてのトレンディドラマ風だ。付け加えれば、いわゆる「月9」のトレンディドラマ第一作『君の瞳をタイホする!』(フジテレビ系、一九八八年)も、捜査そっちのけで恋愛ゲームにうつつを抜かす刑事たちを主人公にしたドラマだった。

そして先述した最終エピソードにも、トレンディドラマの香りがある。温泉旅行にやってくるのは女性四人に男性三人。これは、トレンディドラマの先駆的作品とされる明石家さんま、大竹しのぶ主演のTBS『男女7人夏物語』(一九八六年)と同じ男女の構成だ。このエピソード中、山西惇演じる眠山が唄子にプロポーズする場面で愛のメッセージ付きの花火が打ち上がるところなどは、その『男女7人夏物語』のオープニングで打ち上がる花火を連想させる。

ケラリーノ・サンドロヴィッチは、結果的にトレンディドラマのテイストはほとんど消えてしまったと述懐する(DVD BOX付属のブックレットでの発言)。だが、それゆえ最終的に残ったトレンディドラマの匂いが逆に印象的なのも確かだ。

そんなテレビに対する特別な思い入れを感じさせるケラリーノ・サンドロヴィッチが、テレビを中心にすえた物語を展開しているのがエピソード4となる「悪魔ブイヨン」である。

秋子は、特撮ヒーローもの「レーダーマン」の大ファンである。ある日いつものように録画した「レーダーマン」を見ていると、突然画面のなかのレーダーマンがこちらを見つめ、何とテレビのなかから秋子の部屋に出てくるではないか。秋子を悪から守ると約束するレーダーマン。当然のごとく秋子は恋に落ち、二人は同棲生活を始める。

フィクションの登場人物との恋物語。このエピソードについてケラリーノ・サンドロヴィッチは、ミア・ファローが映画のスクリーンから抜けだしてきた男性と恋に落ちるウディ・アレンの映画『カイロの紫のバラ』（一九八五年）が念頭にあったと語っている（ＤＶＤ ＢＯＸ付属ブックレットでの発言）。しかし私には、ここでの秋子に重なるのは、むしろ『怪奇大作戦』や『悪魔くん』に夢中になっていた幼きケラリーノ・サンドロヴィッチその人であるように思える。もしその頃に録画ができたなら、彼は秋子と同じように同じ場面を繰り返し見て記憶に焼き付けていたに違いない。それはいわば、テレビとの〝同棲生活〟ではなかろうか。

実はレーダーマンを演じる「中の人」は、冬の旧友の役者仲間だ。長年下積み続きの彼は、願いを叶えてやるという悪魔ブイヨンに魂を売って、念願の主役を手に入れたのである。だが再び封印されることを恐れた悪魔ブイヨンは彼を操り、秋子たちをテレビ局のスタジオへと誘い出す。そこで醜いイモ虫の姿にされてしまいそうになる秋子たち。とそのとき、あわやのところで約束通りレーダーマンが現れ、秋子を救う。

だがそうなったとき、演じる彼とその役柄であるレーダーマンとが敵同士として対峙してしまうことになり、その場にいる皆は混乱に陥る。その結果、悪魔ブイヨンはめでたく封印されたものの、レーダーマンは同時に消えてしまうのである。こうして秋子とヒーローの恋は、悲しい結末に終わる。

## 悲劇と喜劇のあいだで

この第四エピソードを見たとき、フィクションとは何なのか、そして悲劇と喜劇（コメディ）はどうちがうのかという根本的な問いが、改めて私のなかに浮かんできた。

思想家のヴァルター・ベンヤミンは、「運命と性格」というエッセイのなかで悲劇と喜劇の違いをこう説明している。

悲劇は、運命と対峙する人間の姿を描く。ギリシャ悲劇などが典型的だ。主人公の英雄的な行為が、思いもかけぬ運命のいたずらによって悲劇的な結果をもたらす。それに対し、喜劇は日常的なものである。そこには、英雄のような超人的な存在は登場しない。欠点にせよ美点にせよ、誰もが多少なりとも持っていそうな性格的特徴（お金にうるさいとかお人好しであるとか）を持った人物が登場し、恋愛、結婚、仕事、親子関係など身近な出来事が絡んだストーリーが展開される。

これをエピソード4に当てはめてみよう。秋子と超人的ヒーロー・レーダーマンの恋は、秋子を悪から守るという英雄的行為をレーダーマンがおこなった結果、レーダーマン自身が消滅するという悲劇的結末に終わる。だがそれは同時に、すべてが日常に戻る喜劇の再開でもある。喫茶「面影」に集う、皆どれも一癖ある性格の登場人物たちが、いつものようにナンセンスな掛け合いを飽きることなく繰り返しながら、時には恋愛し、時には喧嘩する。それ以上でも以下でもない。だがそうした日常のループに浸る快楽を与えてくれるものこそが、喜劇なのである。

こう考えるとき、最終エピソードは、実は『怪奇恋愛作戦』という悲劇と喜劇が密接に絡み合ったドラマ全体の縮図でもあったのではないかと気づく。

自分たちが村人の手で殺されようとしていると知った夏美は、その運命にひとり立ち向かう。そしてその英雄的行為は見事に実を結び、夏美の活躍によって仲間たちの命は救われ、喫茶「面影」へと全員が無事戻る。ところが夏美は、安心したのも束の間、ドジっ子ぶりを発揮してうっかりまたもやタイムリープを発動させ、恐ろしい鬼神村への旅に皆を逆戻りさせてしまう。

それは、悲劇の呪縛から逃れられないことへの不安を掻き立てる結末だ。しかし見方を変えれば、この夏美のドジっ子という性格がもたらした行為によって、『怪奇恋愛作戦』のループする日常の世界は、ドラマとしての結末を迎えずにすんだのである。

その点、再び七人で村の入り口のバス亭に舞い戻ってしまったことを知った夏美の最後のセリフ「え!?」を言う麻生久美子のアップになった表情が素晴らしい。そこには、何とも言えない複雑な感情が表現され、さらに言うならそこはかとないユーモアさえ漂っているように感じられる。夏美はどこまでもドジっ子だが、だからこそきっと最後にはうまく危機を切り抜けて再び喫茶「面影」に全員が戻れるのだろう、そう無根拠に確信させる明るさのようなものが、そこにはあるように思えるのだ。それはおそらく、『怪奇恋愛作戦』という稀有なナンセンスコメディが持つ根源的な力がその表情に凝縮されているからに違いない。

## 11　一〇年目の「モテキ」――大根仁が深夜ドラマにもたらしたもの

### 深夜ドラマ時代の幕開け

〝深夜ドラマ番長〟という異名で知られる大根仁。これまでの実績を見ればそれも納得だが、なぜ彼はそう呼ばれるに値するのか？『モテキ』（テレビ東京系、二〇一〇年）に至るまでの軌跡をたどりながら改めて考えてみるのがこの章の目的である。

まずは、深夜テレビ全般の歴史をざっと振り返ってみよう。

それまで『11PM』（日本テレビ系）に代表されるように大人向けだった深夜番組が、若者向けに大きく変わったのが一九八〇年代のことだ。

その一角を担ったのは、バラエティである。女子大生ブームを巻き起こした『オールナイトフジ』（一九八三年）、注目の若手芸人やミュージシャンを紹介する『冗談画報』（一九八五年）など、当時お笑いを中心にした「軽チャー」路線で勢いに乗っていたフジテレビを筆頭に、意欲的な深夜バラエティが次々に登場するようになる。

また、音楽番組も深夜で新たなスタイルが開拓された。小林克也が司会を務めるテレビ朝日『ベストヒットＵＳＡ』（一九八一年）は、それまであまり目にする機会のなかった海外アーティストのミュージックビデオを毎回積極的に紹介し、音楽を映像として楽しむ体験を若者たちのあいだに定着させた。

それに比べるとドラマは、一九八〇年代にはとんねるず主演の『トライアングル・ブルー』（テレビ朝日系、一九八五年）や三谷幸喜の初期代表作である『やっぱり猫が好き』（フジテレビ系、一九八八年）、その後一九九〇年代には飯田譲治原作・脚本・演出の『NIGHT HEAD』（フジテレビ系、一九九二年）などの話題作もあったが、まだ深夜の定番ジャンルとなるには至っていなかった。

それが大きく動き始めたのは、二〇〇〇年代に入ってからである。そのきっかけになった作品のひとつが二〇〇〇年に第一シリーズが始まった『TRICK』（テレビ朝日系）であることは、異論の余地のないところだろう。その一因は、いま述べたような笑いと音楽という深夜番組の二つのエッセンスが絶妙に取り入れられていたところにあった。

たとえば、演出の堤幸彦のバラエティ的演出がひとつそれに当たる。主演の仲間由紀恵と阿部寛が、まるでお笑いコンビのように軽い下ネタを絡めながらボケとツッコミの掛け合いを見せる。また、セリフ、セット、小道具など随所に小ネタが散りばめられる。たとえば、野際陽子が開いている書道教室で生徒が「なんどめだ ナウシカ」と書いている。ちょうど裏番組で人気のアニメ『風の谷のナウシカ』の何度目かの再放送があったことを踏まえてのギャグである。視聴者は、そんな二人の掛け合いを楽しみ、クイズのように仕掛けられた小ネタを発見することを競い合った。こうした手法の大胆な導入は、とんねるずのバラエティ番組の演出経験もある堤幸彦だからこそできたやり方であった。

同時に『TRICK』の世界を形作る重要なものとして、音楽の力もあった。印象的なインストゥルメンタルのメインテーマも忘れ難いが、第一シリーズのエンディング曲だった鬼束ちひろの「月光」は、まさにその好例である。毎回、本編が突然断ち切られるように終わるとともに聞こえ出す鬼束のハスキーながら透明で、かつ物悲しさをたたえた歌声はこの世に生まれ落ちた絶望感を綴った歌詞と相まって、これぞ深夜という空気感にどっぷりと視聴者を浸らせてくれるものだった。

その鬼束ちひろは、第一シリーズの最終回のエンディングに特別出演している。南国の孤島に取り残された仲間由紀恵と阿部寛が後方で何やら右往左往しているなか、画面の最前でアップになって「月光」を歌い上げる鬼束ちひろ。最後カメラは空撮で、その島から遠ざかっていく。その映像は、そうしたビデオも数多く手がけてきた堤幸彦らしく、一編のミュージックビデオのようであった。

## ライブ方式の撮影手法――『室温〜夜の音楽〜』という原点

一九六八年生まれの大根仁は、映像系の専門学校に通っていた学生の頃、その堤幸彦によって見出された。『TRICK』第一シリーズでも第六話と第七話の演出を担当、それが彼の深夜ドラマとの長い付き合いの始まりだった。

深夜ドラマにおいては、先述したようにバラエティ的要素と音楽的要素が重要な意味を持つ。とはいえ、演出家によってどちらの比重が高いかという違いはある。

堤幸彦の場合は、どちらかと言えばバラエティ的要素のほうが前面に出てくるように思える。セリフの掛け合いや小ネタだけでなく、俳優のセリフにツッコミを入れるような効果音の駆使などが生み出すバラエティ的な呼吸と間(ま)が、作品の独自の空気感を作り上げていく。

一方、大根仁の場合、音楽的要素がより強いように見える。もちろんさりげないユーモアや小ネタを交えた演出も見どころだが、注目したいのはその作風を支える音楽的要素だ。

たとえばそれは、彼の演出手法にも深く関わっている。

大根仁は、自分の演出のやり方が見えた作品として『室温〜夜の音楽〜』(二〇〇二年)を挙げている。少年隊が出演する深夜バラエティ『少年タイヤ』(フジテレビ系)のなかのドラマ企画だった。

そこで大根は、「撮りたい映像があってその通りにカメラを配置して作っていくという〝王道〟のドラマの撮影手法ではなく、おおまかな指示をして自由にカメラマンに撮ってもらうライブ方式の撮影手法をテレビドラマにも応用した」（「MANTANWEB」二〇一二年一一月一日付記事）。大根には音楽ライブを映像化した経験があり、その際に身につけた手法を自らのドラマ演出の根幹にすえたのである。

『室温～夜の音楽～』は、ケラリーノ・サンドロヴィッチ作の同名戯曲を大根仁かたってての希望でドラマ化したものである。出演は、長野博、井ノ原快彦、坂本昌行（ともにV6）にともさかりえら。過去の少年犯罪事件をめぐって加害者と被害者、さらに親子、夫婦、恋人の思いが複雑に絡む愛憎劇だ。

物語は、スタジオに組まれた屋敷の一室のセットのなかだけで進む。大根仁は、そんな演劇的空間で繰り広げられる出演者たちの芝居を六台のカメラを駆使して撮影している。カメラは俳優たちの表情や息遣いをとらえ、そこから生々しい感情の動きが伝わってくる。元の戯曲の雰囲気を損なうことなく、それでいてテレビドラマたりえているのは、こうしたライブ方式の撮影手法によるところが大きい。

それに関連して、この作品の音楽を担当したたまの立ち位置も興味深い。たまの三人は毎回登場して、自らの楽曲を演奏する。ドラマの場面そのものには登場しない。だが実は、たまはドラマの登場人物でもあり、楽曲の歌詞はそのセリフにもなっている。すなわち、ここでの彼らはミュージシャンであると同時に俳優でもある。そんなたまの両義的立ち位置には、大根作品におけるドラマと音楽の有機的な関係性が象徴されているかのようだ。

## 三〇分の〝歌謡曲〟――大根仁のプロデューサー的資質

同じく二〇〇二年に、『少年タイヤ』の後継番組として始まったのが『演技者。』(フジテレビ系)である。ジャニーズのタレントが、舞台で活躍する小劇団とタッグを組んでドラマをつくるという趣向。『少年タイヤ』でのドラマ企画を発展させたかたちである。

そのなかで大根仁はいくつかの作品で演出を担当するとともに、番組全体の総合演出を務めている。それもむろん演出業の一環ではあるが、むしろそこには大根仁のすぐれたプロデューサー的資質がうかがえる。それは、大根の「人の才能を組み合わせるのが得意」(「シネマトゥデイ」二〇一五年一〇月四日付記事)な資質である。

とりわけ、ジャニーズと小劇団、言い換えればマスカルチャーとサブカルチャーを結合させたこの『演技者。』では、そうした資質を生かしたキャスティングはもちろん、スタッフィングの鮮やかさが際立つ。ここで各話に原作、脚本などで名を連ねた長塚圭史、赤堀雅秋、河原雅彦、三木聡、松尾スズキらは、その後大根が携わった他のドラマや映画においても、たびたび脚本家や役者として参加することになる。

二〇〇四年の『30minutes』(テレビ東京系)も、大根のプロデューサー的資質が発揮された作品だ。さまざまなシチュエーションの三〇分間を演じる一話完結スタイルのコメディ。それを演じるのがお笑い芸人のおぎやはぎとバナナマン、そして大人計画の荒川良々、とここにも組み合わせの妙がある。そしてスチャダラパーのシンコの音楽、江口寿史が描いたタイトルバックなどがポップな彩りを添える。

そうした大根仁のプロデューサー的資質がたどり着いたひとつの到達点、それが二〇〇八年に放送されたオムニバスドラマ『週刊真木よう子』（テレビ東京系）と言えるだろう。

全話に共通するのは、主演が真木よう子という点のみ。あとは毎回異なる組み合わせで演出家、脚本家、共演者が登場する。長塚圭史、赤堀雅秋、三木聡らはここでも名を連ね、さらに三浦大輔、宮崎吐夢、井口昇、タナダユキ、山下敦弘らが新たに加わっている。そうした才能の組合せによって生まれる作品は、シリアスからコメディまで多種多彩、仁侠映画のパロディやラブストーリーもあれば、エロティックな匂いを感じさせるものもある。どれひとつとして同じタイプのものはない。

ここで演出だけでなく企画としてもクレジットされる大根仁のプロデューサー的役割は、音楽プロデューサーのそれに近いように思える。

すなわち、全話を通して見たとき、『週刊真木よう子』は真木よう子という〝歌手〟によるアルバムのような印象を受ける。脚本家や演出家は、いわば作詞・作曲家、アレンジャーだ。彼女は、毎回脚本家や演出家によって与えられた〝楽曲〟の世界をそれぞれの役柄になって表現する。

そして企画者としての大根仁は、真木よう子という〝歌手〟の魅力を引き出してくれそうな才能に〝楽曲〟を依頼し、『週刊真木よう子』というアルバムのトータルなイメージを司る音楽プロデューサーのような立ち位置にいる。「僕は才能のある人間を見つける才能だけは、あると思いますからね」（「日刊サイゾー」二〇〇八年五月七日付記事）という大根の言葉は、この見立てを裏付けるものだろう。

女優・真木よう子の魅力を聞かれた大根仁は、こう答えている。真木よう子には、「「今ドキのウマくやれてる芸能人っぽさ」がない」「彼女を撮っていると、役者バカというか、昔の女優さんみたいに、いい意味で役の中でしか生きられない感じが伝わってくるんです」（同記事）。それはやはり、楽曲を自作するJ－POPのアーティストよりは、提供された楽曲の世界に入り込んで役を演じる歌謡曲の歌手を思わせる。真木よう子が演じるそれぞれの物語は、いわば「三〇分の〝歌謡曲〟」なのである。

## 『湯けむりスナイパー』のこのうえない〝深夜性〟

二〇〇九年放送の『湯けむりスナイパー』は、ここまで見てきた大根仁による深夜ドラマのなかでは異質な部分のある作品だ。一話三〇分の深夜ドラマという点では、変わりはない。しかし、この作品には、それまでになく大根仁その人の心象風景が反映されているのが感じられる。主題歌を歌うのもクレイジーケンバンド。ブルース的、こう言ってよければ演歌的である。

実際、大根仁は、自らこう綴っている。「オレもまた中年の加齢臭漂うおっさんになり、「あー、仕事終わって夜中に家に帰って缶ビール飲んで柿ピー食いながら何も考えずに観られるドラマ作りてえなあ…でも観終えたあとに余韻は欲しいなあ…」なんて気持ちで作ったのが「湯けむりスナイパー」でした」(「大根仁のページ」二〇一二年一月六日付記事)

この『湯けむりスナイパー』は、大根仁が四〇代を迎えて最初に作ったドラマであり、初めて脚本・演出を全話担当した作品でもあった。原作があるとは言え、それまでプロデューサー的な演出家として実績を重ねてきた大根仁が初めて「自分」を色濃く投影させた作品だと言えるだろう。

このドラマの主人公は、遠藤憲一演じる源さんだ。彼は殺し屋だった。だがその殺し屋稼業に見切りをつけて人生を生き直すことを決意、過去を隠しながら秘境の温泉宿で働き始める。そしてそこで、さまざまな人たちの人生に否応なく関わっていくことになる。

秘境の温泉宿、それは一種の異世界である。日常のなかでは見せないその人の欲望や過去があらわになる。それは時に醜かったり、痛々しかったりもする。しかしそうした部分は、多かれ少なかれ誰もが持っているものだ。とりわけある程度の年齢になれば、必ずだれもが抱え込む。それがふとした拍子で一瞬あらわになる場所、それが秘境の温泉宿である。

見方を変えればそこは、誰もが例外なく孤独であることが浮き彫りになる場所だ。普段はそうとは気づかず、誰もが自分だけが孤独だと思い込んでしまう。だが秘境の温泉宿では、わけありの人もそうでない人も、実は他人には言えない悩みや過去を抱え、孤独なのだということがわかる。源さんは、秘境の温泉宿に来て初めてそのことを知るのである。

たとえば、第二話を見てみよう。その回には、かつて人気だったという元ストリッパー(池谷のぶえ）が登場する。落雷によって宿が停電に陥り、宴会途中の客が刺激を求めて騒ぎ出す。暗闇は人間の欲望をむき出しにする。そこで番頭が機転を利かせて、旧知の元ストリッパーを呼び出す。いまはひとり孤独に隠遁生活を送っている彼女は、とても花形ストリッパーだったとは思えないみすぼらしい風貌だ。ところがいざステージに立つと、彼女は鮮やかな踊りで宿泊客、そして源さんを魅了する。

彼女に興味を抱いた源さんは、こっそりその暮らしぶりを見に行く。するとそこには、黙々と農作業に精を出す野良着姿の彼女がいた。源さんは、過去を清算した元ストリッパーである彼女に元殺し屋という過去をリセットしようとしている自分自身を自然に重ね合わせる。源さんにとって、彼女は同じ孤独を抱える「人生の先輩」なのだ。

こうしてみると、『湯けむりスナイパー』は、このうえないほど〝深夜的〟なドラマだ。

深夜とは、秘境の温泉宿のようなものだ。一方でそれは、職場や学校といった昼間の生活のしがらみを忘れさせてくれる解放された時間である。だが反面、それはひとり孤独さを噛みしめる時間、自ずと内省的になる時間でもある。とすれば、「何も考えずに観られるドラマを作りたい」、でも同時に「観終えたあとに余韻は欲しい」という、『湯けむりスナイパー』にこめた大根仁の願いは、深夜にドラマを見ているあらゆる人々のものでもあるはずだ。

## 『モテキ』へ

そして二〇一〇年、『湯けむりスナイパー』と同じテレビ東京「ドラマ24」枠にいよいよ『モテキ』が登場する。説明は不要だろうが、久保ミツロウの人気漫画が原作。森山未來演じる草食系男子・藤本幸世が三〇歳間近になって突然「モテキ」を迎え、四人の女性たちのあいだで揺れ動く様子を描いた作品である。

当時、大根仁は「自分に足りていないものはヒット作を作っていないということ」だと考えていたと言う（「MANTANWEB」前掲記事）。そんな思いで手がけた『モテキ』は見事大ヒットし、映画化もされた。

実際『モテキ』は、ここまで見てきた大根仁による深夜ドラマの集大成的な作品だ。たとえば、斬新と話題になった撮影手法がそうだ。この作品では、デジタル一眼レフカメラのムービー機能を併用して撮影が行われている。チーフのカメラマンはいるが、大根仁も自らカメラマンとなり、そのデジタル一眼レフカメラで撮影した。そのようにした理由を、大根は予算の都合もあったとしたうえで、「女優の自然な表情が撮りたかった」からだと語っている。そのためには「撮られていることさえ気づかないような、コンパクトなデジイチがちょうどよかった」のである（「京都精華大学ブログ」二〇一四年一〇月二九日付記事）。

このデジイチによる撮影が、先述の『室温〜夜の音楽〜』で確立されたライブ方式の撮影手法を発展させたものであることは明白だろう。「女優の自然な表情」は、女優の発散するエロスが不可欠な要素である『モテキ』という作品において肝になるものだ。そのとき、対象に臨機応変に接近するライブ方式の撮影手法は当然有効なものになる。そしてその際、その手法をさらに効果的なものにするために「撮られていることさえ気づかないような」デジイチが使われたのは自明の理であった。

また、大根仁のプロデューサー的資質も健在だ。たとえば、二〇〇九年公開の映画『SRサイタマノラッパー』の音楽で注目された岩崎太整をいち早く起用したのは、「才能のある人間を見つける才能」だけはあると自負する大根の面目躍如といったところだ。

そしてドラマと音楽の融合も、より深いレベルに達している。もちろん、森山未來のダンスの才を生かしたミュージカルシーンも忘れることはできない。だがそれだけではないところに、音楽的深夜ドラマとしての『モテキ』の『モテキ』たるゆえんがある。

端的な例は、各回必ず最後に示される「モテ曲」のリストだ。一九八〇年代のアイドルソングから二〇〇〇年代のJ－POPやロックまで多彩な楽曲をドラマの展開に合わせて流していくスタイルは、大根仁自らが語るようにDJ的でもある（「ほぼ日刊イトイ新聞」二〇一一年一〇月一一日付記事）。

また、カラオケの使い方も興味深い。

満島ひかり演じる中柴いつかが神聖かまってちゃんの「ロックンロールは鳴り止まないっ」を

歌って真情を吐露する秀逸な場面（第六話）など、劇中何度かカラオケの場面が登場する。しかしそれ以上に印象的なのは、ドラマの画面自体がカラオケになる瞬間だ。たとえば第一話では、野波麻帆演じる土井亜紀に振られたと勘違いした幸世がその場に居たたまれず走って逃げだす姿に大江千里の「格好悪い振られ方」が歌詞テロップとともに流れ、絶妙な効果を上げている。

『週刊真木よう子』では、三〇分の一話がひとつの楽曲になぞらえられるのではないかと書いた。それが『モテキ』では、そうした比喩の次元を超えて、このカラオケ化する画面のようにドラマと音楽が随所でまさに一体化する。言い換えれば、ドラマが音楽に似ているのではなく、音楽の持つ独特の高揚感が物語そのものを駆動させる。いわば音楽と物語が両輪となり、ドラマを動かす。

それを象徴するのが、幸世が自転車で疾走するシーンだ。最終話となる第一二話のラスト、幸世はiPodに入ったeastern youthの「男子畢生危機一髪」を聴きながら、真夜中の街を全速力でママチャリを走らせる。歯を食いしばり、ひたすら漕ぎ続ける幸世のアップとeastern youthのライブ映像がカットバックで映し出される。幸世とボーカル吉野寿の表情が、いつしか瓜二つに見えてくる。

途中、菊地凛子演じる林田尚子と出会った幸世は「なにやってんだよ、お前」と問われ、「オレ、わかったわ、林田。つか、全然、わかんねえわ」と言い、再び疾走し始める。そして「オレには、もうモテキなんかいらない。そうだ、次は、オレが誰かのモテキになるんだ」と決意し、声にならない叫びを上げる。いつの間にか夜は終わり、明け方になっている。

こころのなかでいつも毒づき、ぼやいている幸世は、自意識にがんじがらめにとらわれた存在だ。

モテキがやってきても、その状況は容易には変わらない。だから結局恋愛もうまくいくことはない。だがそれぞれの女性たちと関わり、一喜一憂するなかで、「自分」が彼女たちのなかに紛れもなく存在していることに気づき、それに応えなければならないと幸世は思い至る。自意識の呪縛から抜け出し、「誰かのモテキ」になろうとするのである。

果たしてそれが成長なのかはわからない。どこかでまた自意識は空転し、孤独を噛みしめるだけなのかもしれない。だが一瞬だけかもしれないが、幸世が自意識の殻の外に出て他者に関わろうとしたことは紛れもない事実だ。

それはそのまま、部屋でひとり『モテキ』を見ている私たち視聴者にも当てはまるだろう。私たちもまた、良くも悪くも自意識を持て余している。その感覚は、簡単には言葉にしづらいものだ。しかし、音楽であれば、そんな複雑なこころのうちを一瞬にせよ共有することができるのではないか？　大根仁は『モテキ』でそれを鮮やかに実証し、深夜の秘かな連帯を私たちにもたらした。『TRICK』から一〇年目、彼は深夜の孤独な視聴者たちという「誰かのモテキ」になったのである。

# 12　山田孝之容疑者（33）、住所不定、多職。——それでもリアルを求める人

## 言い尽くせないもの

いきなり不穏なタイトルで申し訳ないが、これは私の考えたものではなく、山田孝之本人によるツイッターのつぶやきである、たぶん。

本人と断定しないのには理由がある。そのアカウントのプロフィール欄には「ハードコアパンク俳優、あくまで偽物です。」とあるからだ。だがそこに書き込まれたつぶやきをずっとたどってみると、どうやら偽物ではなく本物らしい。と言っても、これもたぶん、でしかないのだが。

山田孝之を語るとき、「演技か素か、ふざけているのか真面目なのかわからない」というフレーズがついて回る。このツイッターなどはまさにそう言いたくなる好例だ。

もちろん、この形容自体が的外れだということではない。そうとしか言いようがない面が彼には

あるし、その謎めいたミステリアスな部分こそが魅力だと言うファンもきっと少なくないだろう。しかし、それは便利なフレーズである一方、なにか言い尽くせないものが残ったような気分にもなる。それを使ったが最後、それ以上「山田孝之」という存在に踏み込めなくなるように感じてしまうのだ。

だから、このせっかくの機会にその言い尽くせないなにかをできる限り言葉にしてみたい。そのためには、本職である俳優だけでなく、彼の多彩な活動、すなわち「多職」な面にも目を向けることが必要だろう。そもそもタイトルにさせてもらったつぶやきも、俳優業に関するものではなくフジファブリックとのコラボで彼が歌った「カンヌの休日」（二〇一七年）のＭＶ公開のニュースについてなされたものであった。

ではまずは、彼の目下唯一の著書『実録山田』（ワニブックス、二〇一六年）の話から入ることにしよう。

「人類の弱点」

人気の俳優がオフショット満載のエッセイ集を出版することは少なくない。だいたいそうした類の本は、ファンが知らないプライベートの過ごし方や家族や仕事に対する思い、独身であれば恋愛観など、著者本人の等身大の姿が率直に綴られている。山田孝之初の随筆集と謳われたこの『実録山田』も、手に取る前はなんとなくそういうものを想像する。

だが表紙を目にした途端、そんな思い込みはどこかへ吹き飛ぶ。眉間にしわを寄せ、口の周りにひげを生やした山田孝之の険しい表情をアップで映したモノクロ写真。しかも目にはまさになにかの「容疑者」のように太い黒線が引かれている。そして真っ赤な「実録山田」というなんの飾り気もない大きな文字。

そのただならぬ雰囲気は、表紙をめくり「はじめに」を読み始めても収まるどころか、むしろさらに募っていく。

そこに書かれているのは、山田孝之が仕事帰りに立ち寄った居酒屋で出会った親子をめぐる、彼の妄想に満ちた独白だ。母親に連れられて居酒屋に入ってきた小学生ぐらいの二人の子どもが、いきなり「握り飯が食いたい!」とぐずり出す。すると母親は、「おにぎりはダメ。もう先に帰りなさい」と子どもを叱る。店内の客や店員は夜中に子どもたちだけで大丈夫なのか? という空気になるが、家が居酒屋の隣のマンションとわかりホッとする。だが山田孝之はまったく違うところが気になってしょうがない。なぜ子どもたちは「握り飯」と言い、母親は「おにぎり」と言うのか?そのことを本人に聞きたくてたまらなくなるのである。とはいえ実際はそうすることもできず、心のなかで母親に「なぜ貴女だけがおにぎりなんですか?」などと尋ね続ける。

ここで私たちは、二重の意味で置き去りにされる。まずこのエピソード自体が何を意味するのかわからない。しかも、なぜ「はじめに」であえてこのエピソードが紹介されなければならないのか

12　山田孝之容疑者（33）、住所不定、多職。

もわからない。確かにその途切れることのない独特のリズム感を持った文体には癖になる魅力がある。しかし、理解の困難さには変わりがない。

ただ読み進めてみてわかるのは、『実録山田』という本が私たちの安易な先入観を裏切るという点では終始一貫しているということであり、この「はじめに」は、そのことを完璧なかたちで予告しているということだ。

そしてその裏切りは、本の最後を飾るタレント・武井壮との対談「人類の弱点」で最高潮に達する。こうした芸能人のエッセイ集において、親しい人や憧れの人との対談が収められるのはこれまた珍しいことではない。だからこの対談もそういうものかとなんとなく思いながら読み始める。するとやはりその期待は、見事に裏切られる。

ご存知の通り、「百獣の王」を目指す武井の十八番のネタは、さまざまな動物や人間をどう倒すかの詳細なシミュレーションだ。この対談でも山田に促されるまま、武井はキリンや象と戦って勝つ方法を事細かに説明していく。

ところが、山田が「人類の弱点はヌルヌルである」という自説を主張し始めると、対談の雰囲気は一変する。たとえば、武井が日本チャンピオンだった陸上の十種競技については、(山田)「一日目、第一種目」(武井)「はい」(山田)「一〇〇メートル走」(武井)「えぇ」(山田)「トラックヌルヌルです」(武井)「なるほど」(山田)「走れませんよね?」(武井)「……」といった調子だ。キリンとの戦いについても、(山田)「後ろまで走り込んで、跳び箱二〇段の脚力で背中に飛び乗って首につかまると」(武井)「ヌルンですね」(山田)「落ちましたね」など、本気とも冗談ともつかない〝検証〟が延々と続いていく。

## 「真顔」の人

この『実録山田』が醸し出す感じは、ダウンタウン・松本人志の笑いを私に思い起こさせる。とりわけいまふれた対談などは、『ダウンタウンのガキの使いやあらへんで!』(日本テレビ系)でダウンタウンが繰り広げるフリートークを彷彿させるものがある。

たとえば、枕のまわりについているヒラヒラの部分が話題になる。相方の浜田雅功は「カバーや!」と一言で片づけようとする。すると松本は、「ボクは違うと思いますけどね」と無表情に反論する。そして「ヒラヒラのついてるのがだいたいオスなんですよ。で、ついてないのがメスなんですよ」「(オスは)自分をおっきく見せて、メスの枕への求愛をしてるんです」と思わぬ方向に話を広げていく(日本テレビ編『ダウンタウンのガキの使いやあらへんで!!』ワニブックス、一九九五年、一一二―一一三頁)。

ここで松本人志と山田孝之に共通するのは、「真顔」で突拍子もないことを言い出すところである。これは冗談だというようなわかりやすいサインはいっさいない。その佇まいは、とにかく超然としている。

そうした二人の共通点は、〝演技〟の面にも当てはまる。

たとえば、「勇者ヨシヒコ」シリーズ（テレビ東京系）の山田孝之扮するヨシヒコもまた、常に「真顔」だ。そして女盗賊の美貌とスタイルに魅了されて「もう、魔王なんてどうでもいいんです」と言い放ったり（エピソード3・第六話）、道中で襲ってきた盗賊が突然登場した妻にエロ本を隠していたことを責められると、「帰って抱いてあげてください」とアドバイスしたり（エピソード1・第二話）する。

一九九〇年代、『ダウンタウンのごっつええ感じ』（フジテレビ系）での松本人志もそうだった。この番組には首から上が頭髪の薄い中年男で首から下がとかげになっている謎の生物「トカゲのおっさん」など、やはり突拍子もない数多くのコントキャラクターが登場したが、松本はそれらを「真顔」で演じていた。戦隊もののパロディコントである「世紀末戦隊ゴレンジャイ」などは、「勇者ヨシヒコ」の先駆という面もあるだろう。

こうした松本のコントには、ツッコミを拒否する笑いの実験という意味合いがあった。ボケとツッコミは、いまの日本社会における笑いの基本パターンだ。私たちは、ツッコミがあることによってその直前の言動や行為がボケだったことを遡及的に確認して笑うことが習性となって身についている。逆に言えば、ツッコミが入らないまま奇妙な言動や行為が延々続くと、それを笑っていいのかどうかわからず不安になる。だがそれでもそこに笑いを成立させようとしたのが松本人志であり、その成果がしばしば〝シュール〟とも形容された彼のコントであった。

松本によって示された成果はもうひとつある。大喜利は集団で行われるものという常識を覆した「ひとり大喜利」である。『一人ごっつ』（フジテレビ系）などの番組において、彼は与えられたお題に対してただひとりでいくつもの回答を導き出すという斬新なスタイルを打ち出した。それに対し、たとえば『笑点』（日本テレビ系）であれば司会者や共演者から入るツッコミはどこからも入らない。だからそれは決してわかりやすいものではなかったが、その試みは支持された。松本は、ツッコミなき笑いとしての大喜利の価値を世間に認知させたのである。

山田孝之のツイッターは、そんな松本的大喜利のエッセンスを受け継いでいるように思える。他のユーザーからの質問が、自動的に大喜利のお題になる。そして山田はその「質問＝お題」に大喜利的な「返信＝回答」をするというスタイルだ。

たとえば、「山田さん的に今一番熱い食べ物って何ですか?」という質問に対し、山田孝之は「沸騰したカレー」と返信する（二〇一五年四月二四日）。この質問もそうだが、質問自体大喜利を意識したようなものも少なくない。「問題です。新聞紙を逆さにすると?」「とても読みづらい」（二〇一三年一一月一七日）のようなやり取りもそうだろう。いずれにしても、そこにはSNSにもありがちな「（笑）（かっこわらい）」のような、自分へのシニカルなツッコミなどは一切ない。そこにもまた、「真顔」のコミュニケーションがある。

## 現場の時代　――アイドルファンとして

だが同時に、山田孝之と松本人志のあいだには相容れない部分もある。

二人は、ダウンタウンがMCの『ダウンタウンなう』（フジテレビ系）というトーク番組で共演したことがある。「世代的に「ごっつええ感じ」でDVDも全部持っている」と言う山田孝之は、念願の初対面がかなったことで緊張をにじませながらも実に嬉しそうだった（二〇一六年一〇月二一日放送）。

番組は、同世代俳優との親交や子どもの頃の話などなごやかな雰囲気で進んだ。ただそのなかで、唯一山田孝之と松本人志の意見が分かれたのがアイドルをめぐってだった。

山田孝之がかなり熱心なアイドルファンであることは知る人ぞ知るところだ。彼のインスタグラムにも、AKB48、でんぱ組.inc、乃木坂46などのライブに行った際の写真がアップされている。

そのことが番組でも話題になった。そこで山田孝之が「生涯大島優子推し」だという話になった際、松本は「「推し」っていうのがよくわからないんですけど、恋愛対象ではない？」と疑問を呈した。山田はそれを否定し、「応援です」と説明する。だが松本は納得しない。「オレは女のタレントを応援するって感覚がわからない」「「推す」って何なん？　気持ち悪い！」。このように松本人志はアイドルに対する気持ちは他の恋愛感情と変わらないと考えるのに対して山田孝之は「アイドルは別」と言い切り、結局二人の意見は平行線のままだった。

そこには、エンターテインメントのあり方の時代的変化が透けて見える。

松本は一九六三年生まれ。この世代は、一九七〇年代に山口百恵やピンク・レディーなどでまずアイドルを体験した世代だ。その時代は、一言で言えば、アイドルはテレビを通して見る遠い存在だった。応援という感覚はないわけではないが、疑似恋愛の対象としての意味合いが強かった。だが現在のアイドル文化は、ライブなどの現場を中心に動いている。アイドルが紡ぎ出す物語に参加し、それをともに作り上げることが大きな応援の動機であり、そのためにファンは熱心に現場へと足を運ぶ。山田孝之もまた、先述のように現場を愛するファンのひとりだ。『櫻井・有吉THE夜会』（TBSテレビ系）に出演した際、女性アイドルグループに向かって他のファンとともにコールを送る姿にそんなファンとしての顔が一瞬うかがえた。

要するに、松本人志は送り手（演者）と受け手（観客）がはっきり区別される文化のなかで生きてきた。一方、山田孝之は、両者の線引きが曖昧な文化、送り手と受け手の違いが極小化しつつある時代を体現している。

改めて見ると、山田孝之とSNSとの相性の良さには、そういう文化的時代的背景があるに違いない。山田孝之に大喜利のお題まがいのメッセージを送り、山田孝之の「真顔」のヘンなつぶやきに当意即妙のリプライをするファンやユーザーもまた〝演者〟なのだ。いわばSNS上にその都度〝現場〟が生成しているのである。

## 実話の時代

それはすなわち、演者のいる世界と観客のいる世界の境界、フィクションとリアルの境界が曖昧であることを前提にエンターテインメントが成立する時代だということでもある。角度を変えて言えば、フィクションが自己完結するのではなく、そこにリアルが食い込み、深く浸透していることが当たり前の時代になっている。その意味において、現代とは実話の時代にほかならない。

これまで山田孝之は、どんな役柄にもなりきる憑依型の俳優として高く評価されてきた。確かに彼には、普通の学生役はもとより、消防士、不良、武士、闇金業者、さらにはゲームの勇者、果ては星役までこなしてしまう演技の幅の広さがある。「カメレオン俳優」と呼ばれるゆえんである。

しかし、そうした演技力への注目の陰で得てして忘れられがちなのは、彼の出演作には実話、あるいはそれに準ずるような話に基づく作品が多いということだ。

たとえば、連続ドラマ初主演作となった『WATER BOYS』(フジテレビ系、二〇〇三年)は、実際にシンクロナイズドスイミングに挑む男子水泳部員の話が元であったし、また映画初主演作である『ジェニファ 涙石の恋』(二〇〇四年)も実話が原案であった。また近年では雑誌記者役を演じた映画『凶悪』(二〇一三年)や脱獄囚を演じたドラマ『破獄』(テレビ東京系、二〇一七年)なども実話をベースにしたものである。

そして、山田孝之初単独主演作となった映画『電車男』(二〇〇五年)もそうだ。よく知られる通り、この作品はインターネット掲示板「2ちゃんねる」に書き込まれたひとりのオタク青年の恋愛エピソードが元になっている。ある日電車のなかで酔っ払いに絡まれているところを助けた女性を好きになってしまった彼だが、恋愛経験もなくどうしていいのかわからない。そこで彼は「2ちゃんねる」に助けを求める。そして「電車男」を名乗る彼は、掲示板の顔も知らぬユーザーたちからのアドバイスや激励に後押しされ、恋愛成就に向けて一歩ずつ踏み出していく。

当時、この話の信ぴょう性に対して疑問の声が上がり、「電車男」の書き込みが詳細に検証される動きが起こった。それは、インターネットでの匿名的コミュニケーションゆえの必然的な反応でもある。ただ、実話かどうかがこれほど熱心に詮索されるという現象自体が、フィクションとリアルの境界があいまいな時代ならではのものであると言える。

当然ながら、「実話」もまたひとつの表現形態だ。たとえその映像が紛れもなく実際にあった出来事の忠実な再現を狙ったものであったとしても、それが別の人間の肉体を通して表現されるものである限り、ウソが入ることは言うまでもない。それは、「再現」という行為自体が本質的に持つ一面だ。そういう意味合いを含めて、山田孝之は実話の時代の俳優なのである。

山下敦弘、松江哲明と組んだ『山田孝之の東京都北区赤羽』（二〇一五年）『山田孝之のカンヌ映画祭』（二〇一七年）（いずれもテレビ東京系）は、そんな彼の実話との本質的な親和性が端的に表れた作品だ。両作品とも山田孝之が本人として登場し、赤羽に暮らすユニークな人々との交流やカンヌ映画祭出品を目指す映画製作の様子がドキュメンタリーともドラマともつかぬタッチで描かれて



12　山田孝之容疑者（33）、住所不定、多職。

いく。

そうした印象から、この二作品は「ドキュメンタリードラマ」や「モキュメンタリー」に分類されることが多い。実際、それを匂わせる場面も登場する。たとえば、『山田孝之の東京都北区赤羽』の初回に山下敦弘が山田孝之の自宅を訪れる場面がそれだ。山田がドキュメンタリーを最近よく見るという会話の音声と連動するように、カメラは部屋のラックに収められたDVDのタイトルをパンしながら映していく。そこには森達也の『A』や『A2』など多くのドキュメンタリー作品が並んでいる。ところがほんの一瞬しか映らないが、そのラックの左端に『容疑者、ホアキン・フェニックス』というタイトルが見える。

映画『容疑者、ホアキン・フェニックス』(原題はI'm Still Here)(二〇一〇年)は、俳優のホアキン・フェニックスによる「モキュメンタリー」である。二〇〇八年、ホアキン・フェニックスは、俳優を引退し、ラッパーになることを突然発表する。その後ライブ活動を行い、数々の奇行で騒がせた彼だが、実はそれは世の中の反応を見るためのフェイク、つまり演技であったことを二〇一〇年映画公開後に明かす。

確かに俳優が役ではなく本人として登場するという点で、この『容疑者、ホアキン・フェニックス』と山田孝之の二作品は共通する。そして自ら名乗っているかどうかの違いはあるが、両人ともが人心を惑乱させる「容疑者」である点で。

しかし、二人の作品は似て非なるもの、ベクトルのまったく異なるものであるように私には思える。『容疑者、ホアキン・フェニックス』がどこまでフェイクによってひとは騙されるのかの実験であるとすれば、山田孝之の二作品は、すべてはウソにすぎないと斜に構えた態度になりがちな現代において、どこまでリアルでありうるのかを追求する実験である。

たとえば、『山田孝之のカンヌ映画祭』のなかでプロデューサーとなった山田孝之は、「リアル」という単語を何度も口にする。そして最終的には本当に『映画 山田孝之3D』(二〇一七年)を作り、カンヌ映画祭にエントリーする。また『山田孝之の東京都北区赤羽』で山田孝之が赤羽に引っ越す発端は、自害する浪人役を演じた映画『己斬り』のなかで、リアルに死ねないことに俳優としての限界を感じたからだった。

こうして、実話の時代を生きる山田孝之は、事実とウソが簡単には分けられないことを十分知りつつ、それでもウソを徹底して排除し、リアルを求めようとする。その誠実さゆえの妥協なき姿勢は、私たちのこころをざわつかせ、落ち着かなくさせる。だがその向こう側にどんなリアルを見せてくれるのか未知なるものへの期待を抱かせてもくれるのだ。

## 「パラレルワールド」

先述の『ダウンタウンなう』には、こんな場面もあった。

番組中、フェイスブックへの山田孝之の投稿が取り上げられた。それは、道路の車道と歩道を区切る白線が一部剝がれている写真で、そのキャプションには「白線が剝がれてた　日本中の白線を全部剝がしたら日本人の感覚も少し変わるかな」とあった。

その感覚を独特と言われることに山田孝之は釈然としない様子だった。そして「分かりますよね？」と切り出し、日本人はルールを守るが、白線がなくても「日本人は日本人なのかな」と考えたのだと説明した。

日本人はルールをきちんと守るという定評がある。だがそれは、そう決まっているから守るのか、それぞれの判断で自主的に守るのか？　つまり、本当の日本人とはどのようなものなのか？　妥協を知らぬ山田孝之は、ここでもリアルを求めて問いかけたのである。

あるいは、彼の問いはこう言い換えることもできるかもしれない。白線のない世界を日本人が選択していたらそれはどのような世界になっていたのか？　その発想は、とても「パラレルワールド」（これは、山田孝之が主演する河瀨直美監督によるショートムービーのタイトルでもある）的だ。これからも山田孝之自身、一箇所にとどまることなく、並行する多元的世界を行き来し続けるだろう。なぜなら彼は、「住所不定」の「容疑者」なのだから。

# Ⅳ 「卒業」と「引退」の社会学

# 第Ⅳ部について

アイドルはテレビから始まった。言葉としてのアイドルは昔からあったが、私たちが「アイドル」と聞いて思い浮かべるような存在は、一九七〇年代のテレビにおいて誕生したと言っていい。

その象徴が、本書でもすでに何度かふれた一九七一年放送開始のオーディション番組『スター誕生！』（日本テレビ系）だった。森昌子、桜田淳子、山口百恵の「花の中3トリオ」、岩崎宏美、ピンク・レディーなどを輩出したこの番組が画期的だった点は、「プロセス」が見えることだった。最初は一般人として登場した少年少女が歌手デビューに至るまでのプロセスを、番組は細かく順を追って見せてくれた。そのあいだに彼や彼女の見た目、顔つき、醸し出す雰囲気もどんどん変わっていく。そのプロセスに私たち視聴者は魅せられた。

それまで歌手は、若い歌手であっても最初から完成された姿で私たちの目の前に現れるものだった。それに対しアイドルとは、未完成であることを本質とする。未熟かもしれないが、だからこそ成長しようと努力する存在、そのプロセスを楽しませてくれる存在として誕生したのである。

第15章でも述べるように、平成においてアイドルは女子アナやスポーツ選手などあらゆる分野に広がった。その点は「アイドル＝歌手」だった昭和とは様変わりしている。しかし、アイドルの本質は平成になっても変わっていない。アイドルたちは、ドキュメンタリー性というかたちでプロセスの魅力を感じさせる存在になった。

第14章は、そんなドキュメンタリー性をテレビという場で生きた平成アイドルの先駆、ＳＭＡＰを扱っている。

彼らがバラエティに本格進出したアイドルのパイオニアであることは知られているが、一九九六年開始の冠バラエティ番組『SMAP × SMAP』（フジテレビ系）にはドキュメンタリー番組としての側面もあった。メンバーの脱退や不祥事などグループの存続を左右するような大きな出来事が起こるたびに、『SMAP × SMAP』を通じて彼らは真情を吐露し、再び歩き出した。その瞬間をファンのみならず視聴者も共有した。

要するに、アイドルは人生のパートナーになったのである。昭和のアイドルが思春期限定で夢中になる疑似恋愛の対象、言い換えればいつか終わるものだったとすれば、平成のアイドルは終わらないものになった。その意味では、アイドルの本質であるプロセスの魅力は、平成になってさらに大きく拡張した。

アイドルがファンにとって人生のパートナーであることは、テレビよりもライブなどの現場においてより強く実感されるものでもあるだろう。現場に参加することによって、ファンはそれぞれのアイドルが成長していく物語の重要な瞬間に直接立ち会い、場合によっては関与することができるからである。ファンの投票がそれぞれのメンバーの人生を左右する「ＡＫＢ48選抜総選挙」を思い出せば、そのことは納得できるだろう。

そうしたなかで、かつては大きな終わりを意味した引退や卒業も、その意味合いを変える（第16章）。引退や卒業は、単なる終わりではなく人生の続きの始まりになる。アイドル自身にとっても、またファン一人ひとりにとっても、それぞれの人生は続いていくという感覚が勝るようになる。最近で言えば、安室奈美恵の引退とそれに対する周囲の反応はその好例だ。

さらに、その延長線上でアイドルがある種の社会性を担うようになったのも平成ならではのことだった。

経済が長らく停滞し、二度の大震災もあった平成は、生きていく基盤になるはずのコミュニティの機能不全に直面した時代でもあった。家庭、地域、学校などにさまざまな問題が起こっただけでなく、一人ひとりの生き方を支える社会の根本的な土台自体が問われるような事態にもなった。つまり、コミュニティの再構築が懸案になったのである。

そのなかで、アイドルグループは社会的使命を帯びたひとつの職業になる（第13章）。

それはたとえば、災害があったときにボランティア活動を行ったり、募金を呼びかけたりすることだけではない。アイドルグループそのものが来たるべきコミュニティのモデルになるということである。ＳＭＡＰは、集団であることと個人であることを高い水準で両立させたという点で、この面においても先駆的存在だった。

そのＳＭＡＰも二〇一六年末に解散した。ただ、それを先ほど述べたような平成アイドルの「卒業」のひとつととらえるならば、それは物語の続きの始まりでもあるに違いない。

## 13　職業になったアイドル　――テレビ、現場、そしてコミュニティ

### アイドルは職業⁉

いまやアイドルは、ケーキ屋さんやお花屋さんと並んで、小学生の女の子が将来つきたい職業の最上位にランクされる。株式会社クラレが二〇一三年に新小学一年生の女の子に実施した調査では、一三年連続その座にあったお花屋さんを抜いて、二位に芸能人・タレント・歌手が入った。具体的にAKB48の名前をあげる回答も多かったという。この傾向は続き、二〇一四年の同じ調査でもパン・ケーキ屋・お菓子屋に続いて三年連続二位の座をキープ。しかも志望者の比率は一三・一パーセントと過去最高を記録し、何とそのうち六割が「アイドル」と回答したそうだ（同社HPを参照）。

そんな結果を見て、数十年間アイドルの移り変わりを見てきた私などは、ふと違和感を抱く。「ん？　アイドルって職業だっけ⁉」。私の知る限り、長らくアイドルは職業とは思われていなかっ

た。では、アイドルは職業としてなぜ市民権を得ることができたのか？

　ここで注目したいのは、変化が起こったのが二〇一二年の調査だったことである。つまりそれは、二〇一一年の東日本大震災の後であった。アンケートに答えた小学生の女の子たちは、ただその華やかさに惹かれて何となくアイドルと答えただけなのかもしれない。しかしそうだとしても、そこには震災後に私たちの意識に起こった変化が反映されているのではないか。この章では、その社会意識の変化とアイドルの関係について考えてみたい。

## テレビが生みだすアイドル　――一九七〇年代から一九八〇年代まで

「アイドル＝職業」という等式に対して私が覚えた違和感をわかってもらうには、アイドルの歴史を少しさかのぼる必要があるだろう。

一九七一年に日本テレビのオーディション番組『スター誕生！』がスタートする。この番組から森昌子、桜田淳子、山口百恵の「花の中3トリオ」やピンク・レディーなど多くの人気歌手が生まれた。テレビがアイドルを生み出す時代の幕開けであった。

　この番組は、普通の素人がオーディションを受けて合格し、デビューするまでのプロセスを逐一見せてくれる点で画期的だった。それまで視聴者は、たとえ新人歌手であっても完成品としての歌手しか目にする機会がなかったからである。『スター誕生！』は、未熟ではあるが成長し続ける存在、言い換えれば未完成さの魅力を持つ存在として歌手を印象づけた。そして視聴者は、そうした存在を「アイドル」と呼ぶようになった。

しかし視聴者は、『スター誕生！』から登場する歌手たちをただ熱狂的に応援しただけではない。もう一方で視聴者は、歌手を客観的・批評的に見るようにもなった。たとえばピンク・レディーは、オーディション時にはフォーク調の歌を爽やかに歌っていた。ところがデビュー時にはミニスカートの衣装、派手な振り付けでアップテンポの楽曲を歌うようになっていた。その変わりようには、プロのスタッフの技が確かに感じられた。それはそれまでの完成品としての歌手しか目にふれない時代であれば、おそらく気づかなかったものだろう。

要するに視聴者は、プロデューサー的視点に立つようにもなったのである。応援しつつ批評する。それがアイドルファンの基本的スタイルになった。

以上から言えるのは、いずれにしてもこの時点でアイドルは職業ではなかったということである。アイドルは、テレビの視聴者によって発見されるものとしてあった。番組名に冠されたのが「アイドル」ではなく「スター」であったことが図らずも制作者側の意識を物語っているし、出場者の側も、歌手になりたいとは思ってもアイドルになりたいと思ってオーディションを受けたわけではなかった。アイドルとは、自らこの仕事に就きたいと思ってなるものではなかったのである。

一九八〇年代に入っても、その基本構図は変わらなかった。

ただ、自己プロデュースに長けたアイドルが登場してきた。アイドルであることを演じるアイドルの誕生である。松田聖子がその道を切り拓き、「花の82年組」のひとり小泉今日子が独自のクリエイティブなスタイルで発展させた。だがそれでもまだアイドルは、職業化したとは言えなかった。松田聖子は、結婚や出産があってもずっとアイドルを続けていくという貴重な先例をつくった。しかしそれは結果的にそうなったのであって、芸能界に入るときに職業としてアイドルを選択したわけではなかった。

しかしながらファンの側から見ると、自己プロデュースに長けたアイドルは、批評する楽しみを自分たちから奪ってしまう存在である。そこでファンは、もっと自分たちが主導権を握ることができるアイドルを求めた。その流れにぴったりはまったのが、素人性を前面に打ち出したおニャン子クラブであったと言える。彼女たちの多くは、フジテレビ『夕やけニャンニャン』でのオーディションからデビューし、そのままレギュラーとして番組出演した。『スター誕生！』をさらに徹底させたかたちである。アイドルは「テレビの純粋培養」になったのである。しかも、素人性にこだわるなら当然アイドルは職業にはならない。「放課後のクラブ活動」というおニャン子クラブのコンセプトは、その証しだった。

## 「現場」の意味 ――アイドルの現在

では、現在のアイドルはどうか？

まずはっきりしているのは、アイドルはテレビから生まれるものではなくなったということである。近年はＡＫＢ48やももいろクローバーＺをはじめグループアイドル全盛だが、メンバーがテレビのオーディション番組から選ばれることはない。したがって、かつてのようにファンがテレビでアイドルを発見するということもなくなった。

それに代わってアイドルとファンの接点になっているのが「現場」である。現場とはライブやイベントなどアイドルに実際に会える場所である。最近は、ステージを披露するだけでなく、握手会などアイドルと接触できるイベントが頻繁に行われるのが常である。

こうした現場重視の活動スタイルは、最近になって始まったわけではない。おニャン子クラブのブームが終わり、一九九〇年代前半は「アイドルの冬の時代」であったとされる。しかしそれは、テレビに連日のように露出し、ヒットチャートを席巻するようなアイドルがいなくなったということで、小規模な劇場、ライブハウス、路上などで地道に活動するアイドルは存在し続けた。

そうしたアイドルは、「ライブアイドル」や「地下アイドル」と呼ばれた。〝地下〟という呼び方は語義的に必ずしも下に見た言い方ではないが、当時そうした空気があったことは否定できない。それは言うまでもなく、一九八〇年代までのアイドル観が前提にあったからである。テレビに常時出ていてこそアイドルであるという見方は根強かった。

一九九〇年代末にはモーニング娘。がブレークするが、それも周知のようにオーディション番組『ASAYAN』（テレビ東京系）から生まれたアイドルであった。ただモーニング娘。は、一方でインディーズからデビューするとともに、ライブ活動を重視したアイドルでもあり、したがって「ライブアイドル」の要素も持っていた。その意味では、一九八〇年代までのアイドル史と二〇〇〇年代以降のアイドル史を橋渡しする存在であった。

要するに、現在のアイドルシーンで「現場」という表現がことさら使われる背景には、活動の中心がテレビであった時代との対比が無意識にではあれ存在している。そこでは、現場を直接生で体験することが重視される。現場に行かないタイプのファンを「在宅」と特殊な言い回しで呼んだりするのは、そのような価値観の裏返しである。

この場合ネットメディアは、現場の体験を補完するために活用される。最近では、あったばかりの現場の情報や感想が、ツイッターなどSNSを通じてファンやアイドル本人の間ですぐに共有されることも当たり前になっている。ファンからのコメントに対してアイドルからリプライがあることもそれほど珍しいことではない。つまり、SNSはこの場合、現場の再現あるいは延長として捉えられている。

## 参加するファン　――ライブとストーリー

そうした現在のアイドルファンにとって、現場は鑑賞する場ではなく参加する場である。

たとえば、ライブに行った際、自分が楽しむということはもちろんあるが、それに劣らないくらいライブ全体を自分たちで盛り上げようとする意識が強い。具体的には曲中のコールや振り付けを真似るフリコピなどさまざまな流儀があるが、共通するのは、自分がライブを共に作り上げる一員だという感覚である。その意味では、現在のアイドルファンには演者の要素がある。

そう考えるならば、オタ芸と呼ばれる独特の応援スタイルやファンによる衣装のコスプレなども、そうした演者感覚の一つとして理解できるであろう。さらにその感覚は、ネットメディアによって急速に一般化し始めている。「踊ってみた」と総称されるフリコピがそれで、AKB48の「恋するフォーチュンクッキー」(二〇一三年)をファン以外にもさまざまな人びとが踊り、その映像が動画共有サイトに続々とアップされたのはまだ記憶に新しいところだろう。

また動画共有サイトでは、多くのアイドルが定期的に生放送を行っている。そこでは視聴者からリアルタイムで書き込まれたコメントを見ながら番組が進行されることも珍しくない。これもまた、ライブを共に作り上げる一つのかたちであると言えるだろう。

ただ、参加のかたちはそれだけではない。最近のアイドルとファンの関係をさらに特徴づけるのは、ストーリーへの参加である。たとえば、ももいろクローバーZが二〇一二年に『NHK紅白歌合戦』に初出場した際、脱退したメンバーの名前が入ったバージョンで「行くぜっ!怪盗少女」(二〇一〇年)を歌った場面は、彼女たちの現場に熱心に通い、グループの歴史をよく知っていなければ大きな感動は得られないであろう。またAKB48が開催する握手会は、メンバー指定のシステムがとられたりすることで、自分の応援する「推しメン」とのコミュニケーションが図られる場にもなっている。そこでそのメンバーが持つ将来の目標や夢がファンと共有されていくのである。

つまり、アイドルとファンは、同じストーリーの登場人物である。そのストーリーの目指すゴールはさまざまだが、『紅白』出場であれ武道館公演であれ、それに向かって共に成長しているという実感が大切なのである。もちろんそのストーリーは、あらかじめ筋書きがあるものではないので、いつストーリーの大きな転機があるかもわからない。だからこそ、歴史的な瞬間に居合わせるために現場に欠かさず通わなければならない。一九八〇年代までとの比較で言えば、ファンはアイドルの活動を批評の対象ではなく、共同作業としてとらえ始めたのである。

## 職業になったアイドル　――コミュニティはどうあるべきか

冒頭の疑問に戻ろう。なぜアイドルは職業として見なされるようになったのか？　おそらくそれは、いま述べてきたようなアイドルとファンの関係と現在の日本社会にオーバーラップするものがあるからである。

現在の日本社会で起こっている大きな問題のひとつは、家族や地域といったコミュニティの喪失感ではなかろうか。一九四五年の敗戦時にも多くの人々が同じような気持ちを味わったであろう。その後日本は高度経済成長を実現し経済的に豊かにはなったが、バブル崩壊と冷戦の終焉による混迷のなかで、一九九〇年代には再び喪失感が生まれた。そしてその出口もわからない状態で二一世紀に入り、二〇一一年東日本大震災があった。コミュニティの喪失感は深まりこそすれ、決して解消されてはいないように思う。

こうした状況のなかで、いまのアイドルとファンが形作っている関係性が、コミュニティのあるべき姿のように見えてもおかしくない。コミュニティが確かなものとしてあるには、コミュニケーションが安定したものであることが前提になる。現場での濃密なコミュニケーションを核にしたアイドルとファンの一体感は、それを実現しているように映る。

常識的には、職業とは生計のために従事する仕事であり、趣味や道楽とは区別される。その意味ではアイドルは職業とは言い難い面がある。だがそもそもそのような常識が通用するのも、生活の基盤であるコミュニティが確固としていてこそのことだろう。しかし、今述べたように、現在の日本社会のコミュニティ喪失感は深い。

そうであるとすれば、コミュニティの再構築こそが、まずやらねばならない〝社会的な仕事〟であろう。その状況において初めて、アイドルはなるべくして職業になったのではなかろうか。二〇一四年の選抜総選挙で一位になったAKB48の渡辺麻友（当時）は、かつてAKB48のドキュメンタリー映画のなかで「アイドルは天職」だと語った。それにならって言うならば、アイドルは社会的な使命を与えられた特別な職業ということになるだろう。

ここで思い出されるのは、二〇一三年大きな話題となったNHK連続テレビ小説『あまちゃん』である。あのドラマもまた、自分に自信が持てなかった少女が、アイドルという天職に出会うドラマであった。しかもそのアイドルとは、震災の被害を受けた東北の街のローカルアイドルであった。そこで主人公の少女は、アイドルという職業を通じて親友とともに自己とコミュニティの再生を目指す。現在、全国各地でローカルアイドルが次々誕生し、活動している。観光PRの一環ということももちろんあるが、地域コミュニティの活性化に向けた多彩な活動がなされていることはもっと知られていい。

そして私見では、最近のテレビをはじめとしたマスメディアは、こうしたアイドルの存在をブームとしてとらえ、そのように扱う傾向が強すぎるように思う。何が流行っているのか、ではなく、人はいまどんなコミュニティを求めているのか、という観点からアイドルをとらえることが必要とされているのではないだろうか。

## 14 「王道」を継承した究極の「素人」——SMAPがテレビに果たした役割

### 「プロ」か「素人」か

SMAPとテレビの関係を語ろうとするとき、私が重要だと考えるひとつの問いがある。それは、彼らは「プロ」なのか「素人」なのか、という問いである。

一方で、歌番組、バラエティ、ドラマなどでともに仕事をした共演者やスタッフからは、彼らのプロとしての心構え、プロとしての能力の高さを称賛する声がしばしば上がる。

だがその一方で、お笑いにしても演技にしても、あるいは歌にしても、彼らがそれぞれの道一筋のプロと違うこともまた確かだ。そもそもメンバーのひとりである中居正広は、『プロフェッショナル 仕事の流儀』(NHK)にSMAPとして出演した際、「プロフェッショナルとは?」と聞かれて、「一流の素人」と回答していた(二〇一一年一〇月一〇日放送回)。

一見矛盾しているようなその答えに、ますます謎は深まる。

しかし、ＳＭＡＰがテレビに果たした役割を見ていくうえで、この問いを避けて通ることはできないと私は思う。だからやはり、この問いから出発したい。ＳＭＡＰとは「プロ」なのか、それとも「素人」なのか？

## 萩本欽一とＳＭＡＰ

それを考えるとき、キーパーソンとして浮かんでくるのが欽ちゃんこと萩本欽一である。

知る人ぞ知るところだろうが、萩本とＳＭＡＰの縁は意外に深い。

たとえば、香取慎吾のバラエティの分野での才能をいち早く認めたひとりが萩本だった。一九九四年の『よ！大将みっけ』（フジテレビ系）で当時一七歳の香取をレギュラーに抜擢。そこでの共演が、『欽ちゃん&香取慎吾の全日本仮装大賞』（日本テレビ系）での司会コンビ誕生へとつながっていく。

また、木村拓哉と草彅剛は、一九八八年放送のバラエティ『欽きらリン530!!』（日本テレビ系）のためにつくられたアイドルグループCHA-CHAのメンバーに一度は決まっていた。結局二人はCHA-CHAのメンバーとして正式デビューすることはなかったのだが、オーディション時などに彼らに感じたスター性について、後に萩本自身いろいろな機会に語っている。

ただ、SMAPと萩本の関係は、こうした仕事上のつながりだけではない。むしろここで強調したいのは、テレビ史という観点から見た両者の関係である。

というのも、萩本欽一は、テレビに本格的な「素人の時代」をもたらした張本人であったからである。

一九六〇年代、坂上二郎とのコンビ、コント55号で一世を風靡した萩本は、一九七〇年代に入るとひとりでの仕事が増えていった。そのなかで、自分の番組に登場する素人の何気ない勘違いや意図しない失敗が、プロの芸人の熟練した芸を上回る笑いを引き起こすことに気づく。そして素人（あるいはお笑いに関して素人の芸能人）を前面に出した番組作りを始めるのである。「欽ドン」シリーズ（フジテレビ系）や『欽ちゃんのどこまでやるの!?』（テレビ朝日系）など、萩本が企画したそのような番組は一九七〇年代中盤から一九八〇年代にかけて軒並み高視聴率を挙げた。

さらに萩本は、それらの番組に出演する素人（あるいは歌手ではない芸能人）によるアイドルグループとして一九八〇年代にイモ欽トリオやわらべなどをプロデュースし、それも成功させた。先述のCHA-CHAもそうした路線から生まれたグループということができる。

これらのグループは、当時としては前例のなかった「笑いもできるアイドルグループ」であった。特にCHA-CHAなどになると、歌と笑いだけでなくダンスの要素も加わる（木村と草彅以外のジャニーズ事務所所属のメンバーが入っていた）。

つまり、後のSMAPを先取りするようなアイドルグループを、萩本はすでにプロデュースしていた。そしてそれは、テレビの特性を踏まえた素人を打ち出す路線の延長線上にあったのである。

## バラエティ進出へ

SMAPの結成は一九八八年。デビューはそれから三年後の一九九一年である。

ただ、デビュー曲は、本人たちや周囲が期待したほどのヒットにはならなかった。すぐ上の先輩である光GENJIがデビュー時から爆発的ブームを起こし、社会現象的人気を誇ったのと比較されるポジションだったという不運な巡り合わせもあるだろう。

しかし最も大きかったのは、ちょうどSMAPがデビューしたのと同じ時期に各テレビ局の看板歌番組が相次いで終了したことだった。『夜のヒットスタジオ』(フジテレビ系)、『ザ・ベストテン』(TBSテレビ系)、『歌のトップテン』(日本テレビ系)といったゴールデンタイムやプライムタイムの歌番組が一九九〇年前後に足並みをそろえるように幕を閉じたのである。

それは、ヒット曲が生まれる仕組みが根本的に変わったことを意味していた。それまでは、いま挙げたような歌番組に出演することが、歌手にとって自分たちの知名度を上げ、新曲をプロモーションするための最も有力な手段だった。テレビの歌番組で新曲を披露し、それを聴いて気に入った視聴者がレコード店で購入することでヒットにつながる。そういう歌番組を中心とした仕組みが出来上がっていた。

光GENJIは、まだその仕組みが保たれていた時代にぎりぎり間に合った。彼らは先述の歌番組だけでなく、まだ始まって間もない『ミュージックステーション』（テレビ朝日系）にレギュラー出演もしていた。そこではまだ、アイドルは「歌って踊る」ことに専念していればよかった。しかしSMAPは、それではやっていけなくなったのである。

そんな苦境に陥った彼らがグループとして取った道は、バラエティに本格挑戦することだった。

この頃、ジャニーズ事務所社長であるジャニー喜多川が、SMAPを「平成のドリフターズにしたい」と語ったとされる。『8時だョ！全員集合』（TBSテレビ系）で一時代を築いたドリフターズは、ミュージシャンから出発して成功した。ジャニー喜多川は、それを歌の世界からお笑いの世界に入っていくSMAPのモデルケースと考えたのだろう。

それは裏を返せば、SMAPはお笑いに関して素人だったということである。

アイドルがコントを演じる番組は、たとえば新御三家（野口五郎、郷ひろみ、西城秀樹）が出演した『カックラキン大放送!!』（日本テレビ系）など一九七〇年代からあった。同じ時期に活躍したジャニーズ事務所の先輩、フォーリーブスもテレビでコントを披露していた。その流れは一九八〇年代のたのきんトリオ（田原俊彦、近藤真彦、野村義男）にも引き継がれた。

ただし、彼らにとってお笑いはあくまで余技であった。もちろんなかにはコントを演じさせれば達者なアイドルもいた。しかし、メインは「歌って踊る」ことであり、お笑い芸人と同じフィールドに立ってのことではなかった。

それに対しＳＭＡＰは、バラエティの分野に本格的に進出したという点で、それまでのアイドルの歴史にはなかったことをやろうとした。先駆的には、先述したように萩本欽一のプロデュースしたアイドルがいた。しかし、その場合は、プロの芸人である萩本自身がツッコミ役やいじり役として常にアイドルたちの傍にいて、笑いについての最終的な責任を引き受けていた。ＳＭＡＰは、そうしたプロの助けも得ず、自分たちだけでお笑いに臨んだ。それはまさに挑戦であった。

## 『ＳＭＡＰ×ＳＭＡＰ』が示したテレビ史的逆説

一九九二年の『夢がＭＯＲＩ ＭＯＲＩ』（フジテレビ系）のコント「音松くん」で注目されたＳＭＡＰは、その後深夜番組『ＳＭＡＰのがんばりましょう』（フジテレビ系）などに出演して〝バラエティ修業〟を積んだ。そして一九九六年、ついにプライムタイムに冠バラエティ番組『SMAP×SMAP』（フジテレビ系）（以下、『スマスマ』と表記）がスタートする。

やはり新鮮だったのは、彼らがさまざまなキャラクターに扮したコントである。役柄のためには着ぐるみや奇妙なメイクもいとわないという点もそれまでのアイドルの常識からすれば驚きだったが、何よりも全体的にクオリティが高く、各メンバーに当たり役が生まれたのも大きかった。コントの種類も、中居正広の「マー坊」のようなオリジナルものもあれば、木村拓哉の「古畑拓三郎」のようなパロディものもありと幅が広かった。彼ら本来の勘の良さに加え、数年かけた〝バラエティ修業〟の経験が実を結んだと言っていい。

また、二〇一六年まで二〇年余り続くことになったこの番組、そのあいだに基本構成がほとんど変わらなかったことは、近年のバラエティ番組全般の傾向を考えるときわめて珍しい。

ゲストのリクエストに応えてSMAPメンバー自らが料理の腕を振るう「BISTRO SMAP」、いまふれたオリジナルコント、そしてゲストミュージシャンとの歌のコラボ。この三本の柱は、番組開始当初から基本的にずっと変わらなかった。

それは、フリートーク、コント、歌とダンスという要素がバランスよく織り交ぜられた構成という点で、テレビ草創期のバラエティ番組と重なるものである。ともに一九六一年放送開始の『夢であいましょう』（NHK）と『シャボン玉ホリデー』（日本テレビ系）が確立した「王道バラエティ」のフォーマットを、『スマスマ』が継承したかたちである。

これに関しては、SMAPがアイドルであったことが有利に働いた面もある。彼らはコントやフリートークに関しては素人であったかもしれないが、歌とダンスに関してはそれが本業であった。それは逆に、お笑い芸人にはなかなか真似のできない部分であった。『夢であいましょう』や『シャボン玉ホリデー』の場合、歌・ダンスと笑いは、基本的に複数の出演者が分業するかたちになっていたが、その点SMAPは、すべてを自分たちでカバーすることができた。それは、大きな強みでありアドバンテージだった。

つまり、ここにはひとつのテレビ史的な逆説がある。

すなわち、SMAPはお笑いに関しては素人だったが、自分たちの活路を見出すため未知のバラエティの分野に進出せざるをえなかった。ところが、そうした彼らが逆に、バラエティのプロが築いた「王道」の伝統を受け継ぐポジションにつくことになったのである。

## 『SMAP×SMAP』のもうひとつの意味

だが『スマスマ』には、「王道」とは異なる別の面もあった。それは、SMAPというグループのドキュメンタリー番組としての側面である。

『スマスマ』がスタートしてわずか一か月後の一九九六年五月、メンバーのひとり森且行が、オートレーサーに転身するためにグループを脱退した。その最後のテレビ出演の場が、『スマスマ』であった。いつもはゲストとのコラボとなる歌のコーナーでは、森自身の選曲によるSMAPメドレーが披露された。

その後も『スマスマ』は、グループにとって重大な出来事が起こった際に彼らと世の中をつなぐ場になった。

二〇〇一年に稲垣吾郎、二〇〇九年に草彅剛が不祥事によって活動を自粛した際、活動再開の場として選ばれたのも『スマスマ』だった。二人はそれぞれ謝罪するとともに、そこでグループの一員として歌うことによって、再出発することになった。

そんな番組の歴史のなかで生まれたのが、二〇一三年の企画「SMAPはじめての5人旅スペシャル」である。そこでSMAPは、グループ結成二五周年を記念して初めてメンバーだけで泊りがけの旅に出た。そのなかの五人によるカラオケの場面では、中居正広が自分たちの持ち歌である「BEST FRIEND」を聞いて号泣した。それは、かつて森の最後の出演回、稲垣の復帰回でともに歌われた思い出の曲であった。

また二〇一六年一月の、分裂・独立騒動を受けてのメンバーたちによる緊急生放送もまだ記憶に新しい。そのときの放送内容については、さまざまな意見や疑問がファン、そしてファン以外からも寄せられた。ただ評価はひとまず別として、そこにも『スマスマ』という番組のドキュメンタリー性があらわになっていたと言えるだろう。

このように私たちは、『スマスマ』を通じてSMAPというグループの歴史に立ち会ってきた。それはいわば、SMAPが主人公のドキュメンタリーをずっと見続けてきたことに等しい。

この点は、SMAPが「アイドル」という存在であることとも深く関わっているように思える。というのも、アイドルとは常に未完成な存在であるところにその存在の本質があるからだ。

未完成であるがゆえに困難にもぶつかり、時には失敗もするが、それを努力や結束の力によって乗り越えようとする。そうして成長する姿にファンや視聴者も共感し、応援する。そのなかで培われる親近感こそが、完成された「スター」にはないアイドルという存在のドキュメンタリー的な魅力である。それは言い方を変えれば、冒頭に引いた中居正広の言葉にもあったように、アイドルとはすぐれた意味で素人的だということでもある。

そうしたSMAPのドキュメンタリー性が最高潮に達したのが、二〇一四年に彼らが総合司会を務めた同じフジテレビの『FNS27時間テレビ』だった。例年のように笑いをふんだんに盛り込む一方で、この年の『FNS27時間テレビ』は、SMAPの歴史を振り返る意味合いが強かった。いきなり冒頭から、「生前葬」と銘打って各メンバーが過去にあった苦難についての質問に率直に答えることから始まった番組は、フェイクドキュメンタリーのかたちをとったスペシャルドラマや『27時間ナショー』(『ワイドナショー』のスペシャル版)で「解散」を扱うなど、かなり踏み込んだものだった。そしてデビュー曲から最新曲まで全二七曲を歌う最後の「SMAPノンストップLIVE!!!」に続く「グランドフィナーレ」では、ライブ会場からフジテレビまで歩いて向かう五人の映像に被せて、森且行から彼らに宛てた直筆の手紙が読まれた。

ひとつのアイドルグループの歴史が、このようなかたちで長時間にわたる番組の内容として成立すること自体、稀有なことであろう。それだけ私たちは、『スマスマ』を見ることでSMAPの歴史に立ち会ってきたのである。

## SMAPがつないだテレビと社会

こうして『スマスマ』は、テレビ的娯楽の王道を行くバラエティでありながら、他方でドキュメンタリー性を併せ持つ、それまでにないようなハイブリッドなバラエティ番組になった。

そして同時に、ＳＭＡＰはこの『スマスマ』を拠点にして成熟したエンターテイナー集団へと成長していった。

ＳＭＡＰのアイドルグループとしての特徴は、全員がひとりでも十分やっていける自立したタレントになったことである。メンバーは、各自の個性に従って、木村拓哉、稲垣吾郎、草彅剛であればドラマや映画、中居正広、香取慎吾であればバラエティを中心に、というようにそれぞれの活動を繰り広げ、ソロとしても一本立ちした。

そうしてグループが成長していく過程とメンバー個人の活動の発展とが並行し、それが相乗効果を上げた。『スマスマ』の放送開始が木村拓哉の連続ドラマ初主演作で大ヒットとなった『ロングバケーション』（フジテレビ系）の第一回と同日であり、しかも放送時間が連続していたことなどは、その端的な例である。

その意味でＳＭＡＰは、私たちがいまの時代に求めるコミュニティの姿でもあったように思える。一九九〇年代初頭のバブル崩壊以降、企業だけでなく、家族、学校、地域など社会のさまざまなコミュニティに綻びが目立ち始めた日本社会にあって、私たちは個人の自立が集団としての強さにもつながっているＳＭＡＰの姿に個人と集団の両立の理想形を感じ取っていたのではあるまいか。

『ＮＨＫ紅白歌合戦』においてＳＭＡＰが欠かすことのできない存在になっていったことは、そうした世間の側が求めたものと無関係ではないだろう。

一九九一年のデビューの年に早くも初出場を果たした彼らは、最初の頃はそれまでのアイドル歌手と同様、番組の前半で歌う脇役的ポジションでしかなかった。番組を締めるトリをはじめ、重要な役目を任されるのは演歌歌手であるという暗黙のルールはまだ健在だった。

しかし、『スマスマ』が始まった一九九〇年代後半以降、明らかに流れは変化する。一九九七年には中居正広が白組史上最年少の二五歳で司会に抜擢される。その頃から、歌の合間に『スマスマ』で人気のキャラクターがたびたび登場するなど、SMAPなしでは番組が成立しないと言っても過言ではないような状況になっていく。

それに並行して、歌の登場順も後半、しかも最後の方へと変わっていった。そして二〇〇三年、「世界に一つだけの花」でグループ歌手としては史上初の（大）トリを務めた。『NHK紅白歌合戦』という番組には、日本人にとって年に一度共同性の感覚を確認する場という側面がある。SMAPはその中心となったのである。

そうしたなかでSMAPは、ある種の社会的役割を積極的に果たすようになっていった。

たとえば、一九九五年一月に阪神・淡路大震災が発生したときには、直後の『ミュージックステーション』でメッセージを伝えるとともに「がんばりましょう」を歌った。また二〇一一年の東日本大震災の際にも、視聴者から寄せられたメッセージとともに彼らができることを考えるという内容の『スマスマ』緊急生放送があった。そのときにも最後に「がんばりましょう」は歌われた。それから、毎回番組の終わりに彼らは義援金の呼びかけをずっと続けた。

また二〇一五年に『NHKのど自慢』のキャンペーンイメージキャラクターに就任したことも同じ文脈において理解できることである。

そのことが公になった際、SMAPと「のど自慢」の結びつきに意外という声も上がっていたが、それはSMAPのコミュニティとしての役割を考えれば、むしろ自然なことであったと言っていいだろう。そして実際、番組に出演して年齢も性別もさまざまな出場者や観客を盛り上げ、ともに楽しむ姿は、私たちの社会の伴走者のような存在になったSMAPを象徴するものだった。

## 「王道」の意味を更新したSMAP

ここまで、SMAPとテレビの関わりの歴史を振り返りつつ、いくつかポイントを挙げてきた。それを踏まえながら、最後に冒頭に掲げた問いに戻ろう。

SMAPは「プロ」なのか「素人」なのか？

その答えは、すでに述べてきたところから明らかだろう。SMAPにおいて「プロ」であることと「素人」であることは逆説的につながっている。アイドルとして「素人」であることに徹しようとしたSMAPが、プロ中の「プロ」になるという逆説である。

SMAPは、アイドルの本質である素人性、つまり専門にとらわれず何にでも挑戦し、それによって成長を続けようとする姿勢を貫き通した。そのことが、多くの視聴者に共感を抱かせると同時に、彼らにテレビの娯楽において「プロ」が担ってきた「王道」の地位を継承させることにもなった。その意味で、彼らは確かに「一流の素人」、いや〝究極の「素人」〟であった。

だが別の角度から見れば、SMAPがそうなるのは必然的なことだったのかもしれない。萩本欽一が発見したように、テレビは「素人」が存在感を発揮するメディアである。少なくとも一九七〇年代以来、テレビはそのような方向に自らの可能性を探ってきた。そして繰り返しになるが、アイドルが「素人」であることを運命づけられた職業であるとすれば、アイドルがそうした「素人」を代表する存在になることに何ら不思議はない。

いわばSMAPは、テレビ、素人、アイドル、そして一九九〇年代以降の模索する日本社会が交わった場所に偶然身を置くことになった。だがそこにおいて求められるものをこれ以上ないくらい、彼らは真摯に引き受けた。言い換えれば、一九七〇年代以来、テレビが社会と接近するなかで追い求めてきたものの完成形、それがSMAPであった。テレビにおける「王道」の意味は、彼らによって更新されたのである。

# 15　平成はアイドルをどう変えたのか

「昭和」や「平成」という元号自体に世の中を変える力はない。だが不思議なことに、昭和から平成への移行は、さまざまな社会の変化と重なっていた。それは、アイドルについても例外ではない。いや、アイドルほどその変化が顕著だったものも少ないだろう。平成も終わろうとするいま、アイドルがこの三〇年ほどでどう変わったのか、振り返ってみたい。

## 「アイドル冬の時代」は本当だったのか?

昭和のアイドルは一心同体と言ってもいいほどテレビと密接な関係にあった。

一九七〇年代の「花の中3トリオ」(森昌子、桜田淳子、山口百恵)、ピンク・レディー、キャンディーズ、新御三家(野口五郎、郷ひろみ、西城秀樹)、そして一九八〇年代前半の松田聖子、中森明菜や小泉今日子らの「花の82年組」、たのきんトリオ（田原俊彦、近藤真彦、野村義男）といったアイドルは、『スター誕生！』（日本テレビ系）、『夜のヒットスタジオ』（フジテレビ系）、『ザ・ベストテン』（TBSテレビ系）などの音楽番組の存在抜きに人気を獲得することは難しかっただろう。

ところが一九八〇年代後半になると、状況は一変する。昭和から平成の変わり目に『夜のヒットスタジオ』や『ザ・ベストテン』などが相次いで終了。それとともに、アイドル歌手のメディア露出は目に見えて減ることになった。

「アイドル冬の時代」。ここから一九九〇年代後半にモーニング娘。が登場するまでのあいだをそう呼ぶことがある。ただしそれは、テレビ中心の昭和のアイドル、しかも女性アイドル歌手を暗黙の基準にしている。実際は、その間なにも動きがなかったわけではない。いまから見れば、むしろそれは男女問わずアイドルが新たな自分たちの活動スタイルを模索し、その結果活躍の場を広げた時代であった。その意味では、「アイドル冬の時代」というフレーズを鵜呑みにすることはできない。

## SMAPとドキュメンタリー性

では、平成の初めになにがあったのか？

前述の音楽番組終了のあおりをまともに受けたのが、SMAPであった。すぐ上の先輩で爆発的ブームを巻き起こした光GENJIがぎりぎり昭和に間に合ったのに対し、SMAPのCDデビューは一九九一（平成三）年。つまり、主要な音楽番組がすでに終了した後だった。

光GENJIがその名の通り「光源氏」を連想させる王子様的アイドルだったように、昭和アイドルは虚構のなかで輝く存在だった。さかのぼれば山口百恵、松田聖子や中森明菜もそうだった。彼や彼女たちは、楽曲という「作品」のなかで自分の役柄を演じることをアイデンティティにしていた。そんなアイドル歌手にとって、音楽番組の終了は虚構の世界を演じる場そのものの喪失をも意味していた。

代わって平成アイドルにとって重要になったもの、それはドキュメンタリー性であった。SMAPの新しさのひとつは、アイドルがドキュメンタリー性を担った点にあった。

確かに歌、芝居、コントで演じる彼らの魅力も大きかった。だが、木村拓哉がトーク番組で恋愛や性についてアイドルらしからぬ率直さで発言するなど、SMAPのメンバーは「素」の部分を出すことをためらわなかった。従来のジャニーズのイメージを覆すその姿は、世間に新鮮な印象を与えた。

そのスタンスは、グループとしても一貫していた。メンバーの脱退や不祥事、東日本大震災発生に際し『SMAP×SMAP』（フジテレビ系）の生放送で真情を吐露する姿もまた、ドキュメンタリー性を色濃く帯びたものであった。

## モーニング娘。が継承したもの／革新したもの

ドキュメンタリー性は、「アイドル冬の時代」を終わらせたとされるモーニング娘。にとっても不可欠な要素だった。

オーディション番組『ASAYAN』（テレビ東京系）の出身という点では、彼女たちは昭和の『スター誕生！』出身アイドルと同じである。ただ、モーニング娘。のオリジナルメンバーはオーディションに落選した人たちだった。彼女たちがインディーズから出発してCDを五万枚手売りする様子は『ASAYAN』でも放送された。すなわち、「メジャーデビューへの道」がドキュメンタリーとして伝えられたのである。

またそれ以後のモーニング娘。にも、頻繁なメンバーの入れ替わりというかたちでドキュメンタリー要素は受け継がれた。モーニング娘。では、グループの人数は固定されず、メンバーの卒業・脱退と加入がその時々の事情に応じて繰り返されることになった。

確かに一九八〇年代後半に大ブームを起こした昭和のおニャン子クラブでも、しばしばメンバーが入れ替わった。だが、〝遊び〟を強調した「クラブ活動」のコンセプトが物語るように、そこにドキュメンタリー要素は希薄だった。

それに対しモーニング娘。では、ドキュメンタリー要素がはるかに強い。新メンバー加入などのたびにグループ内には緊張感が生まれる。たとえば、当時一三歳だった後藤真希が加入と同時にい

きなりセンターに抜擢され、その最初のシングル曲「LOVEマシーン」(一九九九年)が大ヒットを記録する。その一連の過程には、メンバーの気持ちが揺れ動くドキュメンタリー的な見応えがあった。またあまり目立たないメンバーだった保田圭が『うたばん』(TBSテレビ)での石橋貴明らの〝いじり〟によって人気を得ていった過程にも同様の面白さがあった。

要するにモーニング娘。は、昭和アイドルと同じくテレビと密接な関係を保ちつつ、そこに平成アイドルならではのドキュメンタリー性を加味したアイドルグループと言えるだろう。

## AKB48とファンが紡ぐ物語

二〇〇〇年代後半にブレークしたAKB48になると、ドキュメンタリー性はいっそう前面に出るようになる。そしてそれと並んで、物語性もまた劣らず重要なものになった。

端的な例は、毎年恒例の「AKB48選抜総選挙」である。シングル曲の選抜メンバーを決めるこのイベントは、誰が一位でセンターになるか、どのような新顔が入るかなど、さまざまな見どころがある。それは、グループとは別にメンバー各人が過去一年の活動を通じて紡いできた物語の集大成的意味合いを持つ。

その際、各メンバーによる順位決定時のスピーチが、クライマックスとなる。二〇一一年に一位になった前田敦子が発した「私のことは嫌いでも、AKBのことは嫌いにならないでください」という言葉は、前田敦子というひとりのアイドルとＡＫＢ48というグループの物語が並行して存在していたことを図らずも教えてくれる。

そして忘れてはならないのは、投票するファンこそがその物語の鍵を握るという点である。この場合ファンは、ＡＫＢ48と自分が応援するメンバーの物語の登場人物であり、物語そのものの行方を決める作者でもある。

ファンがそのようなポジションになった背景には、平成アイドルの活動スタイルが昭和とは根本的に変わったことがある。

よく知られるように、二〇〇五年に結成されたＡＫＢ48は「会いに行けるアイドル」として秋葉原の専用劇場での定期公演を通じてファンを増やしていった。その点、かなりの活動の軸足がまだテレビに置かれていたＳＭＡＰやモーニング娘。とは異なっていた。

ただそれは、ＡＫＢ48に限った話ではない。「テレビからライブへ」という流れのなかで、ライブアイドルやご当地アイドルと呼ばれるライブ活動中心のグループが続々と誕生した。Perfumeも元々は広島のご当地アイドルであった。そうしたグループの活動は、ライブ、握手会、物販などファンと直接交流する場を核にしている。

初公演の観客が七人だったというＡＫＢ48においても、ファンが直接参加する劇場公演が活動の基盤である。選抜総選挙はそうした日常的活動の蓄積のうえに成立しているのである。

## アイドルは人生のパートナーになった

そこには、ドキュメンタリー性と物語性が織り成すＡＫＢ48独特のダイナミズムがある。ドキュメンタリー性と物語性のあいだには、一種の緊張関係がある。なぜなら、物語が本来〝作り物〟であるのに対し、ドキュメンタリーに作為が入り込んではならないからである。

ただし、そうした緊張関係は必ずしもネガティブなものではない。むしろ両者のバランスを上手くとりながら物語を展開させれば、より魅力的な「リアリティショー」が生まれる。たとえば、指原莉乃は、かつて自らの恋愛スキャンダルが報じられた際、変に包み隠さない対応によって逆に支持を広げる結果になった。アクシデントをプラスに変え、従来にないアイドル像という物語要素をＡＫＢ48にもたらしたのである。

ももいろクローバーＺにも似た面がある。路上ライブから始めた彼女たちは、『ＮＨＫ紅白歌合戦』出場を目標に掲げた。しかし、そこに至る途中の二〇一一年にメンバーだった早見あかりの脱退という予期せぬ事態が起こる。だが二〇一二年に念願の『紅白』出場を果たした際には、メジャーデビュー曲を早見あかりが在籍した当時のバージョンで歌い、話題を呼んだ。アクシデントが感動を生むものへと転化したのである。

つまり、平成において「アイドル」とは生き方そのものになった。表現のフィールドは楽曲やドラマなどの作品だけでなく、時には私生活までを含む人生全般にまで広がったのである。

それは、ファンがアイドルに人生のパートナー的役割を求めるようになったことと表裏一体である。バブル景気の終焉から始まり、戦後の経済復興を支えた共同体や組織（家族、学校、企業など）の破たんが見え始めた平成の社会において、個人は孤立しがちになる。平成アイドルは、そうした個人に寄り添い、ともに手を携えるパートナー的存在になったのである。

## プロデューサーの時代

アイドルのパートナー化は同時に、アイドルとはどうあるべきかを語るアイドル論を活発にする。「芸能」を語ることは誰にでもできるわけではないが、「人生」を語ることは等しく誰にでも可能だからである。ＡＫＢ48が人気を拡大していくなかで、芸能評論家などとは異なる論客がアイドル論を戦わせていたことは記憶に新しい。また中川翔子のように、饒舌にアイドルについて語るアイドルオタクのアイドルが登場したのも昭和にはなかったことだ。平成アイドルの特質は、そうしたアイドル論の視点を繰り込んでアイドルシーンそのものが展開していくところにもある。

そんなアイドル論的視点が浸透した証しが「プロデューサーの時代」の到来である。

一九九〇年代以降、私たちはアイドルだけでなく、そのアイドルをプロデュースする人物にも注目するようになる。なぜなら、アイドル論的視点を身につけたファンからは、プロデューサーが自分たちの延長線上にある存在ととらえられ、批評の対象になるからである。

華原朋美、安室奈美恵、鈴木あみらをプロデュースした小室哲哉、モーニング娘。や松浦亜弥などをプロデュースしたつんく♂、そしてAKB48や乃木坂46などをプロデュースした秋元康と、すぐにプロデューサーの名がアイドルとセットで思い浮かぶこと自体が平成ならではのことと言っていいだろう。またジャニーズのジャニー喜多川は一九六〇年代からのキャリアを持つが、そのプロデュース手腕が一般に注目されるようになったのも平成になってからのことである。

ここでプロデューサーの役割は、楽曲や舞台などにかかわることだけではない。平成アイドルのドキュメンタリー性にどうかかわるかもプロデューサーに問われるようになる。

ドキュメンタリー性を重視すれば、メンバーの卒業や脱退、スキャンダルなど必ず不安定要素が入り込む。その際、そうした不安定要素さえもエンターテインメントの一環に組み込む力量がプロデューサーに求められる。想定外の事態に適切に対処することもまた、プロデューサーの重要な仕事になるのである。

さらには、プロデューサー自らが波紋を起こすこともある。たとえば、つんく♂が追加メンバーオーディション開催をサプライズで発表したり、秋元康がAKB48グループ間でのメンバーのシャッフルを実行したりする。それまでの安定は失われる反面、そこには新たなドキュメンタリードラマ的展開が生まれる。その点、ファンの延長線上にいる平成のアイドルプロデューサーは、やはり物語作者なのである。

## バーチャルアイドルの意味

「ファン＝プロデューサー」であることがさらに明瞭なのが、バーチャルアイドルである。平成は、テクノロジーの進歩とともにアイドルのバーチャル化が進んだ時代でもある。

一九八九（平成元）年に伊集院光が自分のラジオ番組のリスナーとともに生み出した「芳賀ゆい」は、その元祖的存在である。彼女は架空の存在だが、伊集院とリスナーの考えによってラジオ出演、歌手、写真集、握手会などその時々で違う女性たちが役割を務め、いかにも「芳賀ゆい」というアイドルが実在するかのように演出した。それはまさに、「ファン＝プロデューサー」であることを象徴する出来事だった。

その後恋愛シミュレーションゲームのキャラクター・藤崎詩織や大手芸能プロダクションがデビューさせたバーチャルアイドル・伊達杏子などバーチャルなアイドルが登場する。しかし、それらはすでに完成された商品としてファンに提供されるものである点で、「ファン＝プロデューサー」の願望を十分に満たすものではなかった。

その意味で、二〇〇七年発売の音声合成ソフトから生まれた初音ミクは、ファンのプロデューサー願望を完璧に満たしてくれる画期的なものだった。提供されるのは素材のみ。それをもとにして各ユーザーの好みによってバーチャルアイドルを作り出せる。しかもインターネットの動画共有サイトを通じて独自にファンを獲得することもできる。一般のファンが、単なるプロデューサーの域を超えて造物主に近い感覚すら味わえるようになったのである。

こうしてアイドルのバーチャル化が進む背景には、安心感を得たいというファンの側の心理も働いているだろう。

平成における生身のアイドルは、ドキュメンタリー性のなかで波乱万丈の物語を生きるようになった。そのおかげでファンは常にドキドキ感を味わえるが、一方で不測の事態に備え、いつも不安な気持ちでいなければならない。

そこで安心感を与えてくれるのが、アニメのキャラクターや声優ということになる。またアニメやゲームなどを原作とする二・五次元の舞台の近年の人気にも同じ側面があるだろう。こうしたアイドルは、フィクションのなかに生きた昭和アイドルのポジションをいまの時代に受け継いでいるのである。

### 多様化するアイドル

だが平成の興味深いところは、もう一方でアイドルがますます多様化し、「アイドル」の輪郭が決定的に曖昧になった点にある。

たとえば、バラエティアイドル、通称「バラドル」がそうである。SMAPがバラエティの世界に身を投じることで活路を開いたことは知られているが、女性アイドル歌手にも似た状況があった。

昭和の終わりから平成初期にかけて、松本明子、井森美幸、山瀬まみ、森口博子らがバラエティ番組で頭角を現し始める。

グラビアアイドル、通称「グラドル」が目立つようになったのもほぼ同じ頃である。一九九〇年代中盤に雛形あきこが人気を集め、その後優香、小池栄子、ほしのあきらが登場した。一九七〇年代のアグネス・ラムなどそれまでも若者に人気のグラビアタレントはいた。だが、平成のグラドルはグラビアだけでなくバラエティやドラマに進出した点で異なっていた。

こうしたアイドルが登場したのは、「アイドル＝歌手」という定式が崩れたことの裏返しである。昭和においてアイドルと言えば歌手であった。しかし冒頭でも述べたように、主要歌番組の相次ぐ終了によってその基盤が崩れた。その代わりにＳＭＡＰ、モーニング娘。、ＡＫＢ48、ももいろクローバーＺなどは、ドキュメンタリー性や物語性を存在の新たな基盤にすることでアイドル歌手であり続けた。

それに対し、バラドルやグラドルは、歌手の世界からは独立した存在である。楽曲というフィクションのなかで輝くアイドル歌手には、まだスター性が残されている。だがバラドルやグラドルには、それがない。したがって彼女たちは「アイドルらしくないアイドル」として自虐し、いじられる対象になることで戦略的に生き延びる。

言い方を変えれば、「アイドル」は実体のない記号のようなものになる。アイドル自身がそのことを自覚し、「アイドル」という記号をうまく操作することによって、逆説的にアイドルであり続けられるのである。バラドルがぞんざいな扱いを受けて「アイドルなのに〜」と言って笑いをとるのはその一例である。

## アイドルのカジュアル化

こうしたアイドルの拡散現象は、当然芸能の分野にとどまらない。

平成においては、テレビなどメディアに登場する存在すべてが「アイドル」と呼ばれる可能性を持つようになった。その結果、純然たるアイドルではないが〝アイドル的〟ではある存在が至るところに誕生する。その意味でも、「アイドル」の輪郭はますますぼんやりとしたものになった。

女子アナはその好例である。フジテレビの「花の三人娘」（河野景子、八木亜希子、有賀さつき）や日本テレビの「DORA」（永井美奈子、藪本雅子、米森麻美）など女子アナのアイドル化の流れが、昭和の終わりから平成初期にかけて本格化した。

その背景にはフジテレビを筆頭に進んだテレビのバラエティ化がある。一九八〇年代初頭の漫才ブームをきっかけにした「楽しくなければテレビじゃない」（フジテレビ）という空気は、「真面目」であるはずの局アナをも容赦なく巻き込んだ。その結果、原稿の読み間違いや「噛む」といったアナウンサーにとって禁物であったミスが、たとえば「可愛さ」を表現するものへと反転する。

そうして始まった女子アナのアイドル化は現在も変わっていない。むしろ女子アナとアイドルの境目はあってないようなものになりつつある。元モーニング娘。の紺野あさ美や元乃木坂46の市来玲奈など、アイドル経験者のアナウンサーへの転身が増えていることがその証拠である。

スポーツ選手のアイドル化現象も同様だ。

一九七二年の札幌冬季五輪の本番で転倒したことで逆に人気に火がついた女子フィギュアスケート選手、ジャネット・リンのように、一九七〇年代にはすでにそうした現象はあった。ただ平成になると、スポーツ中継だけでなく、スポーツバラエティの増加が選手への親近感を格段に高め、アイドル化の流れに拍車がかかった。

福原愛や浅田真央は、そうした番組に幼い頃からたびたび登場し、アイドル的扱いを受けるようになった代表である。またバレーボール中継にジャニーズがサポーターとして登場するようになったことも、スポーツ選手とアイドルの接近を物語る。

女子アナやスポーツ選手に共通するのは、それぞれ明確な技量の基準が存在することである。その基準からなんらかの点で逸脱する部分があり、それが魅力的なものとして世間に映ったとき、その人物はアイドル的扱いを受ける。

この場合、なにが魅力になるかはあらかじめ決まっているわけではない。容姿、年齢、言動などさまざまだ。逆に言えば、ひとはなにかのきっかけで突然アイドルになる。アイドルは、誰もが身にまとえるカジュアルなものになったのである。たとえば、二〇一七年「ひふみん」の愛称で人気者になった将棋のプロ棋士・加藤一二三にも、そんなカジュアル化の一端が感じられる。

大きく見れば、これらは先述したアイドルのパートナー化、アイドルとファンの接近の産物である。ただしここでは実体が希薄になった分、アイドルはいつも傍らにいるマスコットのような存在になっている。現在のテレビは、アイドル歌手というよりはそうしたタイプのアイドルの供給源としての意味合いを強めていると言えるだろう。

## ソロアイドルの復権?

ここまで、ドキュメンタリー性と多様化の観点から平成のアイドル史をたどってきた。この二つのベクトルは無関係なわけではなく、交わっているところもある。

たとえば、近年のアイドルグループの大人数化は、ドキュメンタリー性にキャラクターによる多様化の要素を加えたものという見方ができる。オーディション番組出身の多国籍K－POPアイドル・TWICEもその一例だろう。またさくら学院の「部活動」から発展し、「世界征服」を掲げて活動するヘヴィメタルユニット・BABYMETALは、音楽性がそのままキャラクターになった稀有な例である。

逆に多様化のなかでドキュメンタリー性が重要な役目を果たすこともある。福原愛や浅田真央のようなスポーツ選手、芦田愛菜や本田望結のような子役は、世間が成長をずっと見守ることによってアイドル的な存在になった例だ。

しかし、そのなかで大きな空白も生まれている。代表的なソロアイドルの不在である。昭和の山口百恵や松田聖子、郷ひろみのような存在は見当たらない。なるほど芸能界以外のアイドルは多くの場合ソロだが、やはりあくまで〝アイドル的〟存在である。むしろ「アイドル」の拡散が進めば進むほど、その不在感はぐっと増す。

おそらくいま昭和のソロアイドルに最も近い生身の存在は、若手俳優だろう。菅田将暉や有村架純などまだ年若い俳優がこれほど次々と登場し活躍する時代も珍しいのではないか。彼や彼女もまた、ジャンルは違うが昭和のアイドル歌手と同じフィクションの世界を生きる。能年玲奈（のん）が主演した二〇一三年の連続テレビ小説『あまちゃん』（NHK）は、まさにフィクションという枠組みのなかで昭和と平成のアイドル歌手が邂逅する傑作だった。

そうした兆しは、CM出演をきっかけにアイドルから女優への道を歩んだ一九九〇年代の宮沢りえや広末涼子の頃からあった。いまで言えば、新垣結衣がそれに近い。二〇一六年のドラマ『逃げるは恥だが役に立つ』（TBSテレビ系）でブームになった「恋ダンス」に、彼女のブレークのきっかけになったお菓子のCMでのダンスを思い起こした人もいるはずだ。その点、ドラマや映画が彼女のプロモーションビデオ的役割を果たしている側面もある。

さらにここ最近、アイドル歌手にも〝昭和回帰〟を思わせる流れが垣間見える。

現在トップクラスの人気を誇る乃木坂46は、衣装や曲調からも「清純派」的な雰囲気が伝わってくる。また選抜総選挙のようなイベントはなく、AKB48と比べるとファンとのあいだに一定の距離がある。そこには全体的に昭和のアイドルの匂いがある。

また同じ〝坂道シリーズ〟と呼ばれるグループのひとつである欅坂46も、センターの平手友梨奈を中心にした演劇的パフォーマンスに、これまで平成のアイドルにはなかったような空気感がある。大人や世間への反抗を歌う一連のメッセージ性の強い楽曲も、新鮮であるとともにどこか懐かしい。

とはいえ、こうした動きがすぐにソロアイドルの復権につながるかどうかはわからない。ソロアイドル中心だった昭和のアイドル界を支えたテレビ自体がインターネットの普及などで転換期を迎えている現在、単純にソロアイドルの時代が再び来るとは言いにくい。SMAP解散後、稲垣吾郎、草彅剛、香取慎吾の三人が立ち上げた「新しい地図」もそうだが、今後のアイドルのあり方がメディア状況の動向に大きく左右されることだけは間違いない。

# 16 そして再び、アイドルグループは「学校」になった
## ——引退／卒業のアイドル史

アイドルの歴史は、どうしても人気者の歴史になりがちだ。だが、どんな人気者もいつかは終わりを迎える。引退や卒業は、そうした終わりのかたちを示すものだ。

この章では、そんなアイドルの引退や卒業に着目することで昭和から平成にかけてのアイドル史をいわば裏側から照射してみたい。アイドルの引退や卒業は、単純に人気の衰えによるとは限らない。その歴史は、想像する以上にアイドルという存在の本質に迫るものになるはずだ。

### ラストソングは「蛍の光」

アイドルのコンサートでラストを飾るのは、そのアイドルの代表曲かここ一番で盛り上がる定番

曲が相場だろう。だがそれが「蛍の光」だったコンサートがある。

一九七七年三月二七日、日本武道館で「昌子・淳子・百恵　涙の卒業式　出発（たびだち）」なるコンサートが開かれた。タイトルの通り、当時アイドル界の象徴的存在だった森昌子、桜田淳子、山口百恵によるジョイントコンサートである。

三人は、一九五八年から五九年にかけて生まれた同学年であり、いつしか「花の中3トリオ」と呼ばれるようになった。そして年度が改まるごとに「花の高1トリオ」「花の高2トリオ」と変化し、ついに「花の高3トリオ」になっていた。その終わりのタイミングで、「卒業式」が挙行されたというわけである。当日のセットリストのラスト三曲は「青春時代」「明日に架ける橋」、そして「蛍の光」。過ぎ去る青春時代を惜しみつつ明日への希望と決意を歌い上げ、トリオとしての活動に別れを告げるという構成であった。

とはいえ、三人はそれぞれソロ歌手であり、正式なグループではない。にもかかわらずこのようなコンサートを開くにいたったのは、同じオーディション番組『スター誕生！』の出身だったからである。同番組は、一九七一年に日本テレビ系列で始まった。その初代グランドチャンピオンが森昌子でデビュー時は一三歳。そこから現在の日本のアイドル文化は始まったと言っていい。

それはただ単に年齢の問題ではない。そこに〝プロセス〟を見ることができたからだ。この番組では、テレビ予選、決勝大会、スカウトの瞬間、そしてデビュー直前の姿からデビュー曲の披露までで、最初は一般人だった合格者がいくつかの段階を経て最終的にデビューするまでが逐一放送された。

私たち視聴者にとって、それはきわめて新鮮な体験だった。なぜなら、それまで新人歌手はすでに完成された姿で私たちの目の前に現れるものだったからである。ところが『スター誕生!』は、〝デビュー以前〟を見せてくれた。それによって私たちは、未完成な存在の放つ魅力を知った。未熟かもしれないが、だからこそ成長するために努力する存在。それがアイドルの〝定義〟になったのである。

実社会で同じような性質を持つ場は、いうまでもなく学校である。そして森昌子、桜田淳子、山口百恵が同学年という偶然も重なり、『スター誕生!』という番組自体が「学校」になった。表現として使われ始めたのがいつからかはさておき、アイドルは「卒業」するものになったことが、ここに宣言されたのである。

## 山口百恵、キャンディーズの「引退」の意味

では一九七〇年代において、アイドルは卒業したらどうなったのか? そこにもやはり実社会の論理が影響を及ぼしている。現実の高校と同様、卒業は大人への第一歩である。それはすなわち、未熟な子どもに等しいアイドルのままではいけない、ということである。

実際、「花の高三トリオ」は卒業式コンサート後、それぞれの流儀で大人になっていった。森昌

子はデビュー曲「せんせい」のような学園ソング路線から次第に本格演歌路線に転じ、「哀しみ本線日本海」（一九八一年）でその地位を確立した。桜田淳子はもっとわかりやすかった。「卒業式」と同じ一九七七年の一一月に中島みゆき作詞・作曲による「しあわせ芝居」をリリース。それまでとは一転して大人の恋愛を歌ったこの曲がヒットし、彼女はアイドル時代に別れを告げる。

山口百恵は一九七六年発売の「横須賀ストーリー」ですでにアイドル路線とは一線を画すようになっていたので、曲調として「卒業式」の前後で明確な転換はない。しかし彼女の場合は、身の処し方にそれが表れた。

一九七九年のコンサート中に三浦友和と交際宣言をした彼女は、翌一九八〇年一〇月に引退。一一月に結婚した後は専業主婦になり、表舞台に出ることはなくなった。アイドルが疑似恋愛の対象という側面がまだ強かった当時において、結婚による引退はアイドルからの「卒業」を決定づけるものだった。山口百恵は、森昌子や桜田淳子が楽曲という虚構の世界で大人になったのに対し、より実社会に近いかたちで大人になることを選んだのである。

同じく一九七〇年代のアイドルの引退劇としては、キャンディーズにもふれないわけにはいかないだろう。

「花の高3トリオ」の「卒業式」があったのと同じ一九七七年の七月、日比谷野外音楽堂でのコンサートで突然、メンバーの三人が観客に向かって解散を宣言。その際に伊藤蘭が発した「普通の女の子に戻りたい」は流行語にもなった。そして翌一九七八年三月の後楽園球場でのコンサート

「ファイナルカーニバル」をもって解散、芸能界を引退した。

ただ、実際上それは「花の高3トリオ」と似た意味での〝卒業〟だったように思える。三人は、いずれも後に女優や歌手としてソロで芸能界に復帰する。それは「普通の女の子に戻りたい」という言葉とは矛盾するようにも見える。だがおそらく彼女たちにとって、芸能界がそうというよりもアイドルというあり方が普通ではなかったのであり、その意味においてグループ活動とソロ活動は別個のものだった。言い換えれば、グループを解散してアイドルでなくなれば、その後はひとりの普通の大人としてそれぞれの職業や人生の選択があるという意識だったに違いない。

実際、彼女たち自身にもそうした考え方があったことがうかがえる。たとえば、メンバーの藤村美樹は後楽園球場でのコンサートの最後の挨拶で、「キャンディーズは純真なまま終わります」という旨の発言をしている。その言葉の裏を返せば、大人になるためにはグループを解散するしかなかったともとれる。そうした荒療治でもしなければ、アイドルからの卒業は困難だったのである。

### 分岐点としてのおニャン子クラブ

同時にこの発言からは、この時期のアイドルグループにとってオリジナルメンバーはほとんど絶対的なものであったことが感じ取れる。メンバーとグループは名実ともに一心同体である。したがって、どのメンバーでもアイドルを辞めることはグループの枠組みそのものを解体することを意味した。

この点は、昭和の終わりに近い一九八五年に結成されて一大ブームを巻き起こしたおニャン子クラブと比べると興味深い。

おニャン子クラブの前段にはオールナイターズの存在がある。「オールナイターズ」とは、一九八三年に始まったフジテレビの深夜番組『オールナイトフジ』に出演していた現役女子大生の呼び名である。MCやリポートを任せられた彼女たちは失敗やハプニングを連発したが、逆にその素人っぽさが受けて「女子大生ブーム」の火付け役になった。選抜メンバーによる歌手デビューも相次ぎ、オールナイターズはアイドル的人気を博するようになる。

おニャン子クラブは、その女子高生版として誕生した。一九八五年放送の『オールナイトフジ女子高生スペシャル』の好評を受けて、同年四月『夕やけニャンニャン』が平日夕方の帯番組としてスタート。そこにレギュラー出演したのがおニャン子クラブだった。

オールナイターズが大学生のアルバイト感覚だったとすれば、おニャン子クラブは〝放課後のクラブ活動〟という気軽さが特徴だった。しかし、オールナイターズが大学や短大に実際に通う学生という厳密な条件があったのに対し、おニャン子クラブはそうではなかった。すでに高校を卒業して成人しているメンバーもいた。その意味では、おニャン子クラブにおいて、学校は現実から遊離してフィクションになり始めていた。

そのことは、卒業のかたちの違いにも表れている。

初代オールナイターズは一九八五年三月、大学卒業と就職活動を理由に番組を卒業した。オールナイターズは現実に大学生でなくなれば辞めるしかなかった。その点、「花の高3トリオ」に代表される一九七〇年代のアイドルの延長線上にあった。

おニャン子クラブの場合にも同様のパターンはある。オリジナルメンバー一一人のうち最初に卒業した中島美春は高校三年生であり、歯科衛生士になるためにおニャン子クラブを卒業した。その際、『夕やけニャンニャン』の番組中でも「卒業式」が行われた。

だが一方、そうした現実の学年などとは無関係の卒業もあった。中島美春と同時に卒業したもうひとりのオリジナルメンバー、河合その子はすでにソロデビューを果たしていて、卒業後も芸能活動を続けた。国生さゆり、工藤静香なども同様のパターンである。

グループからの卒業がそのまま引退を意味しなくなったことについては、松田聖子が切り拓いた道筋が大きかっただろう。一九八〇年デビューの松田はアイドル歌手として一世を風靡（ふうび）しただけでなく、アイドルをずっと続けても構わないことを世間に認知させたパイオニアだった。結婚や出産を経てもアイドルである彼女は「ママドル」と呼ばれた。

要するに、おニャン子クラブは、卒業という観点から見たときアイドル史のちょうど分岐点にあったと言える。卒業を機に芸能界を辞めるアイドルと続けるアイドルの両者が共存しているところがそのことを物語る。

ただやはり、新メンバー加入が番組中のオーディションコーナーによって常時進められていたところからも、おニャン子クラブはキャンディーズのようにグループはオリジナルメンバーと運命を共にするという〝常識〟を明らかに脱しつつあった。個々のメンバーの去就とは別に、グループの枠組みは存続する仕組みが整えられかけていた。

しかしそれにもかかわらず、おニャン子クラブは一九八七年九月のコンサートで解散する。その活動期間は約二年半と決して長くない。そこにはおニャン子クラブがテレビ局主導のアイドルであったことがある。彼女たちは、『夕やけニャンニャン』という番組の盛衰と運命を共にしなければならなかったのである。

## モーニング娘。における「卒業／加入システム」の確立

ただ、「卒業」が現実にせよフィクションにせよ学校的空間に依拠していた点はここまで変わらなかったと言える。それが「学校」から大きく離れてメンバー個々の自主性に委ねられるようになるのが、平成に入って登場するモーニング娘。である。

モーニング娘。誕生のきっかけは、テレビ東京のオーディション番組『ASAYAN』だった。その限りでは、昭和の『スター誕生！』などの流れを汲んでいるように見える。

しかし、よく知られているように、モーニング娘。のオリジナルメンバーはオーディションの勝者ではなく、全員が敗者だった。「シャ乱Q女性ロックボーカリストオーディション」に応募して

最終選考に残ったが優勝には届かなかった女性五人でグループをつくることをプロデューサーとなるつんく（「♂」がつくのは二〇〇一年から）が決めたのである。

一九九八年メジャーデビューしたモーニング娘。はデビュー曲「モーニングコーヒー」もヒットして順調に見えた。だがセカンドシングル発売前につんくは追加メンバーオーディションを実施。三名が追加され、八人体制になった。

ところが一九九九年四月、オリジナルメンバーのひとり福田明日香がグループを卒業する。その後に二回目の追加メンバーオーディションが実施され一名が新たに加入したが、それは単なる補充目的ではなかった。なぜなら、このオーディションは当初、つんくの口から二名追加予定であることが語られていたからである。それが審査の結果、一名だけの追加になったのである。

つまり、モーニング娘。にあっては、卒業と加入は厳密に対応していない。加入メンバーオーディション実施のタイミングや合格者の人数もプロデューサーであるつんくの裁量に委ねられている。必ずしもメンバーの卒業によって欠員ができたからという理由では行われない。

一方で、卒業は年齢や学年で決められるのではなく、メンバー自身が自分のタイミングで決めるものになる。いつ辞めるかは本人次第になるのである。当然理由もさまざまである。福田明日香は中学生で学業優先が理由だったが、同じくオリジナルメンバーの石黒彩は服飾関係の道を目指すという理由で卒業。その時点で二〇歳を過ぎていた。

こうして卒業がメンバー自身の意思決定によるものになっていくとともに、グループという場は現実的な意味でもフィクション的な意味でも「学校」からは離れていく。

なるほど、学校的な部分もないわけではない。たとえば、『ASAYAN』のオーディションにおいて恒例だった寺での合宿などはそうだろう。

この合宿は、最終選考に向けて残った応募者が集められ、泊まり込みで行われるものである。各自が与えられた課題やトレーニングに必死に取り組む様子や上手くいかず落ち込む人をライバルであるはずの別の応募者が励ましたりする様子が番組内で紹介される。そこには、大会前に行われる学校の部活の合宿を彷彿とさせる面がある。

だがやはりそれも、当然ながら学校そのものではない。おニャン子クラブの〝放課後のクラブ活動〟と同じ学校的フィクションの断片にすぎない。むしろ合宿場面から感じ取れるレッスンのハードさは、学校というよりはプロフェッショナルな世界への入口ととらえたほうが正解だろう。

そうした部分は、『ASAYAN』の印象的な場面のひとつであるつんくによる歌唱指導でよりクリアになる。レコーディングなどの際、つんくがメンバーに対して自ら手本を示しながらきめ細かに歌い方を指導する。その姿からは、アイドルであると同時に歌手として成長させようとする熱意が伝わってきた。

こうしたところからもうかがえるように、モーニング娘。は歌やダンスのスキルを磨き、ライブ中心の活動を志向していた。そこがひとつ、おニャン子クラブとは異なりテレビの制約を免れ得た大きな理由だっただろう。テレビではなくライブという主体的活動の基盤を確立するなかで、メンバーの自主性に任せたアイドル独自の卒業システムもまたより確固としたものになっていった。

現在も活動を続けるモーニング娘。に、オリジナルメンバーはいない。だがメンバーは入れ替わってもモーニング娘。を応援し続けるファンは少なからずいる。アイドルファンのあいだには、特定のメンバーではなくグループそのものを応援する〝箱推し〟という言葉があるが、そうした応援スタイルの起源はこのあたりにあるのではなかろうか。

## ジャニーズ、そして安室奈美恵が物語る平成アイドル

さて、モーニング娘。が学校モデルそのものから離れていったことを象徴するメンバーをひとり挙げるとすれば、後藤真希になるに違いない。先述した二回目の追加メンバーオーディションでずば抜けた評価を受けて単独合格になったのがほかならぬ後藤である。

当時後藤真希は一三歳の中学二年生。ところがオーディションの面接に金髪姿で現れて周囲を驚かせたように、その存在はまさに当時のギャル文化を体現していた。

そのアイコン的存在だったのが、安室奈美恵であることはいうまでもない。後藤真希のモーニング娘。加入の四年前にブレークした安室は、その茶髪、ガングロ、ミニスカ、細眉ファッションを真似する「アムラー」なる同世代の女性たちを生み出した。

この「アムラー」現象を数ある流行のひとつとして片づけてしまうこともできなくはない。しか

しそこには、平成という時代が色濃く反映されてもいる。

安室奈美恵がブレークした一九九五年は、本当の意味での昭和の終わり、そして平成の始まりを感じさせるような出来事が続いた。一月の阪神・淡路大震災、三月の地下鉄サリン事件。それらはまったく性質の異なるものだが、いずれも私たちの生きる基盤である日常、戦後期に復興から高度経済成長を経て築いたはずのそれなりに安定した日常が実は脆いものであることを私たちに痛感させた。その数年前のバブル崩壊から続く経済の停滞とあわせ、私たちの日常は不安の濃いものになる。そしてそれが結局、平成という時代の基本的トーンになった。

そうしたなかでアイドルは、ファンにとって人生のパートナーのような存在になっていく。昭和のアイドルが思春期だけに夢中になる疑似恋愛の対象という側面が強かったとすれば、平成のアイドルは一生を通じてともに生きていく伴走者のような存在になる。

男性アイドルでのその代表はＳＭＡＰである。

テレビの長寿歌番組が相次いで終了するなどちょうど流行歌の転換期にデビューした彼らは当初歌手として思うような結果を残すことができず、バラエティに活路を求めることになる。それは同時に、それまでの王子様的な存在ではなく、より身近にいる素の魅力を持つアイドルになるということであった。

そうしたＳＭＡＰの素の部分、その時々の真情を隠さず表に出す姿勢は、必然的にドキュメンタリー性を帯びるようになる。一九九六年開始の冠番組『SMAP×SMAP』（フジテレビ系）はバラエティであるにもかかわらず、しばしばそのようなドキュメンタリー性が露呈する場であった。森且行の脱退、稲垣吾郎や草彅剛の不祥事などグループにとって危機とも言える出来事があった際にはいつも『SMAP×SMAP』で別れや復帰の場面を放送し、視聴者と節目の時間を共有した。

さらにSMAPは、同時に社会と交わるアイドルになっていく。阪神・淡路大震災が発生した際には歌番組の生放送で被災者に向けたメッセージを発し、「がんばりましょう」を歌った。そして二〇一一年の東日本大震災発生のときには、直後に『SMAP×SMAP』の緊急生放送を行い、そのなかでやはりメッセージとともに「世界に一つだけの花」や「がんばりましょう」などを歌った。

安室奈美恵もまた、SMAPとはまた異なるかたちにおいて、ファンにとって人生のパートナーであり、ドキュメンタリー性と社会性を帯びた存在であった。

ブレーク後の安室は一〇代で結婚、出産を経て芸能界に復帰。だが離婚した後はシングルマザーとして子どもを育てながら歌手活動を続けた。その順風満帆とは決して言えない人生の軌跡は、「アムラー」世代のファンにとっては自分や自分の身の回りに普通にあるようなものでもあっただろう。平成の不安な日常のなかでそれぞれの自己の生き方を模索する同世代の女性たちにとって、安室奈美恵はやはり人生のパートナーであった。

そして二〇一八年、ちょうど子育てが一段落したところで安室奈美恵は引退した。彼女の引退は、昭和の山口百恵やキャンディーズの引退とは異なる。それは昭和のアイドルのように決定的な終わりを感じさせるものではなく、自分で決めた人生のひとつの区切りにすぎないような未来志向を感じさせる。安室の人生はその後も続き、ファンの人生も続いていく。そして両者は同じ時代の空気を呼吸し続ける。だからファンにとっては、悲嘆よりもむしろ感謝と祝福がある。

ところで、ジャニーズ事務所のアイドルに関しては、二〇一六年末のＳＭＡＰ解散、二〇一八年末の滝沢秀明の引退、そして二〇一九年の嵐の活動休止発表と近年大きな動きが続いている。

一般に男性アイドルは三〇代、四〇代と年齢を重ねてもそのままアイドルであり続けるのに対し、女性アイドルは一〇代から二〇代でアイドルを辞めてしまうケースが多い。

そこに当然、現代社会における性差の反映を見ることができるだろう。依然として女性アイドルに関しては男性基準の目線で消費される対象になっている部分は根強い。

だが一方で、いまふれたジャニーズに起こっている一連の出来事の背景にはメディア状況の変化を読み取ることもできる。

ＳＭＡＰはテレビを活動の中心的拠点にしていた。後輩である嵐も、グループとしての個性は異なるとはいえ同様と言える。しかし、元々ジャニーズには創設者のジャニー喜多川から受け継がれるオリジナルミュージカルをメインとする舞台志向がある。滝沢秀明は「滝沢歌舞伎」の出演だけでなく演出も務めるなどその志向の継承者である。彼の引退は報じられている通り、舞台などのプロデュースへの専念のためである。そこには、メディア全般におけるテレビの相対的比重の低下のなかで、ジャニーズの原点回帰が感じられる。

要するに、男性アイドルについてはほぼジャニーズの独占状態である現状においては、男性アイドルの引退を見る際にはジャニーズの歴史、特殊状況も考慮しなければならないだろう。

## 卒業の〝その後〟――AKB48が直面する社会

卒業に話を戻すと、二〇〇〇年代後半ブレークしたAKB48は、基本的にはモーニング娘。のスタイルを踏襲している。すなわち卒業は自主的なものであり、卒業はあらかじめ決められた期限が来たからするものではなく、自分の意思でするものである。

ただしAKB48では、学校的な側面はモーニング娘。よりもいっそう希薄になる。学校が厳しい社会の現実から保護された温室的な世界であるとすれば、AKB48のメンバーたちはそこから離れて社会の厳しい現実に直にさらされるようになるからである。

実はこうした傾向の前触れとして二〇〇〇年前後から、一〇代の若手女優が演じるドラマの役柄に変化が起こっていた。

一九九八年には、深田恭子が女子高生役を演じた『神様、もう少しだけ』（フジテレビ系）が大きな反響を呼んだ。それ以前の深田は学園ドラマの典型的な美少女役を演じていたが、一転この作品では援助交際の末にHIVに感染するという役柄を演じていたからである。そこでの深田演じる女子高生は、周囲の偏見にさらされ、葛藤しながらも愛する男性との関係を貫こうとする。

広末涼子についても似たようなことが言える。広末はポケベルのCM以来、透明感のある清純派のイメージで人気を得た。ところが一九九九年の『リップスティック』（フジテレビ系）では、暴行事件を起こして少年鑑別所に収容され、そこで教官の三上博史と運命の出会いを果たす役柄だった。そこでは、鑑別所は過酷な世間の象徴であり、そのただなかに学校的な世界がある。

さらに二〇〇一年には、上戸彩が『3年B組金八先生』（TBSテレビ系）の第六シリーズで、性同一性障害に悩む中学生役を演じた。当時はまだ「LBGT」という言葉もなく理解の進んでいない時代。それだけでも難しい役柄だったが、それを「全日本国民的美少女コンテスト」出身の上戸が演じたのは驚きであった。しかし彼女は偏見に悩みつつも周囲の助けで自立していく役を見事に演じ切った。

AKB48は、こうしてドラマという次元で起こっていたアイドルの脱学校化のベクトルをアイドル活動の次元で引き継いだと言える。

過呼吸や脱水症状などで倒れる舞台裏のメンバーの姿をとらえたドキュメンタリー映画などもそうだが、なんと言ってもその象徴は年に一度行われる選抜総選挙だろう。

このイベントでは、AKB48グループのメンバーが最新シングルの選抜メンバー入りを目標にファンが有権者の選挙戦を戦う。それは平成のアイドル文化の根本にあるファンの直接参加を体現していると同時に、メンバーにとってアイドルとしての人生を賭けたものである。選挙戦への立候補は強制というわけではなく本人の自由意思だ。だがそれも含めて、メンバー各自の生き方が前面に出る。

たとえば、AKB48のセンターを長く務めた前田敦子のたどった道筋には、そういう側面がはっきり表れている。

第一回の二〇〇九年から大島優子と熾烈な首位争いを繰り広げた前田は、トップを奪い返した第三回でのスピーチで「私のことは嫌いでも、AKBのことは嫌いにならないでください」と語り、話題になった。そして前田は、第四回の選抜総選挙への参加を辞退。二〇一二年八月の公演をもってAKB48を卒業する。

その経緯だけを見ると、同じグループ内での競争の連続に疲れたための卒業ではないかとも思える。しかし、前田敦子自身はそうではないと言う。彼女によれば、卒業を決めたのは「限界を感じたわけではなくて、自分もAKB48も次に進める時だと思えたから」だった（『涙は句読点 AKB48公式一〇年史』日刊スポーツ出版社、二〇一六年、二一一頁）。

こうした一連の言葉には、前田が自分とグループをいったん切り離して考えていることが図らずも示されている。メンバー個人にもグループにもそれぞれの物語がある。卒業はそうした双方の物語を更新するための決断なのである。

つまり、この場合の卒業は〝その後〟に大きな比重がある。前田敦子の場合で言えば、女優というかねてからの目標があった。歌手やタレントという場合もあるだろう。芸能以外の仕事や学業でも構わない。グループは、そうした次のステップのための準備期間を過ごす場所、機が熟すのを待つ場所なのである。

## 再学校化するグループアイドル――乃木坂46の場合

だがそうした進路選択における通過地点というよりは、グループがメンバーの人生そのものにおいて必要不可欠な場所としての役割を果たす場合もある。そのとき、アイドルグループは再び学校になる。

たとえば、乃木坂46はそうだろう。衣装やミュージックビデオに「私立女子高」的なコンセプトがあるというだけではない。乃木坂46というグループには、もっと実質的な意味で「学校」として機能している面がある。

二〇一二年のデビュー曲「ぐるぐるカーテン」からセンターを務めた生駒里奈は、ずっと現実の学校になじめずにいた過去をさまざまな機会に語っている。

生駒によると、彼女は小学生時代、転校先の学校で無視されたりロッカーのなかの私物を荒らされたりするなどいじめの標的になり、ひとり図書室で過ごす日々だった。中学では親友ができ一度は救われたのも束の間、その親友とは高校が別々になってしまう。それもあって彼女は部活にも入らず引きこもり気味の生活になり、高校を辞めたいとまで思い詰めるようになっていた。

その様子を心配した父親が生駒里奈に受けるよう勧めたのが、乃木坂46のオーディションだった。「学校から逃げたい」と思っていた彼女にとって、それは救いの手であった（篠本634『乃木坂46物語』集英社、二〇一五年、四三―四五頁）。合格してうれしかったのは、芸能の世界には「私をいじめる人がいない」ことだったと彼女は振り返る。

そんな生駒里奈だが、二〇一八年五月で乃木坂46を卒業した。彼女のブログには、同学年の人たちが新社会人として新たなことに挑戦する年であることが理由として挙げられている。二二歳の彼女と同い年の多くは大学を卒業する年齢だから、というわけである。

まさにそれは、生駒里奈にとって乃木坂46での日々が学校生活のやり直しだったことを思わせる。だから卒業の決断は、現実の学年に合わせて下された。

そこには冒頭にふれた昭和の「花の高3トリオ」の「卒業式」に重なるものがある。だが根本的に違うところもある。生駒里奈にとって乃木坂46が学校であったとすれば、それは「花の高3トリオ」の場合のように大人になるための成長の場である以前にまず、自分の存在をまるごと受け入れてくれた唯一の場所だからにほかならない。

同じことは、「学校そのものがあまり得意じゃない」と思い始めて小学校高学年から中学はほぼ行かなくなったと『情熱大陸』(TBSテレビ系、二〇一八年一二月九日放送)で語っていた齋藤飛鳥にも当てはまるだろう。同番組には、リハーサルの休憩時間に他のメンバーたちから少し離れて部屋の端っこでひとり過ごす彼女の姿もあった。だがそこに漂う安心したような雰囲気は、やはり彼女の存在する場所が確かにそこにあることを感じさせる。

なぜいまはソロアイドルではなくグループアイドルばかりなのか？　アイドルファンなら一度は浮かんだことのある疑問だろう。それにはさまざまな答え方があるに違いない。だが生駒里奈や齋藤飛鳥の姿を見ると、「グループは学校そのものだから」と答えたくなる。彼女たちにとってグループは現実の学校では決して得られなかった居場所なのだ。

つまり、いまやアイドルグループ自体が社会を構成する基本的なコミュニティのようになっている面がある。ファンにとってだけでなくアイドル自身にとっても、アイドルグループというコミュニティは人生にとって欠かせない。その意味では、引退や卒業は終わりではなく、続いていく人生の、むしろスタートラインなのである。

## 好きなことだけで生きられる？

「好きなことで、生きていく」

こんな印象的なフレーズのYouTubeのCMが話題になったのが、二〇一四年のことだ。随分、挑発的なコピーである。お金を稼ぐのは大変なことで、好き嫌いなど言ってはいられない。そういう価値観は、おそらくまだまだ根強い。

ところがこのCMは、その価値観に真っ向から対立する。しかもそれは単なる理想論ではない。HIKAKINなど有名ユーチューバーの存在が、「好きなことで、生きていく」ことが実現可能であることを証明している、というわけだ。

日本人は国民性として真面目で勤勉だとされる。だがおそらくその認識は、高度経済成長期を通じて強く刷り込まれた面もあるだろう。敗戦からの復興を目標にした日本社会は、当初の想定を超えるほど大きな成果を収めた。その〝成功体験〟が、真面目さや勤勉さを日本人の美徳と考える傾向に拍車をかけたことは容易に想像がつく。

ところが、ようやく築き上げた豊かな社会は、平成になるとバブル崩壊後の不況、冷戦終結による国際情勢の不安定化などで崩れ始める。

とりわけ一九九五年の阪神・淡路大震災、地下鉄サリン事件は、繰り返し述べるように戦後が築いた社会の基盤を足元から揺るがせた。豊かになり、安定したと思っていた日常があっけなく壊れてしまう不安を、それ以降私たちは抱え込むようになった。

一方で、同じ一九九五年は「インターネット元年」でもある。それは、阪神・淡路大震災が発生した際、安否確認などにインターネットが活用され、注目されたことによる。さらに同年、Windows95が発売。それまで限られた範囲のものだったインターネットが急速に一般のユーザーにも普及し始める。

つまり、さまざまな出来事が既存のコミュニティを大きく揺るがせるなかで、新しいコミュニティのインフラとしてネットが登場した。序章で使った表現で言えば、インターネットを基盤にした「街」がそこに生まれようとしていた。そして二〇〇〇年代以降、ユーチューバーが中心になったバーチャルな「街」が、「好きなこと」を共通の基盤に形成されるようになる。

## タモリと平成

テレビの世界にも、ユーチューバーのような存在がいなかったわけではない。思うに、タモリはそのひとりである。

本書を読み直してみて驚いたのは、タモリの登場頻度の高さである。タモリがメインの章はもちろん、さまざまなところでよくタモリが登場する。これも特に意図したわけではないが、そうなった。

タモリが頭角を現したのは一九七〇年代、つまり昭和である。その意味では、平成のテレビが主題の本書の登場人物としては、いささか出すぎの感もある。

しかし、「好きなことで、生きていく」志向の高まりが平成的現象であるとすれば、趣味人・タモリはまさにその生き方をずっと実践してきた人物だ。第7章でも書いたように、趣味に生きるタモリは、オタク文化がメインストリームになりつつある現在、「理想のおとな」になっている。『ブラタモリ』で街並みを眺め、地形を鑑賞するその満ち足りた姿は、オタク化した私たちの憧れをかきたてる。

平成は、趣味が社会性を帯びた時代である。共通の趣味を持つ人びとがサークルをつくることは古くからあるが、そうしたサークルは現実社会とは隔離されたものであるのが常だった。だが平成においては、趣味が人と人とをつなぐものとして、血縁や地縁に代わるくらいの大きな意味合いを持つようになった。

そしてユーチューバーもまた、同じく趣味の世界をパフォーマンス的に表現することで支持者を集めている。オタク文化に近いところでは、ゲームをプレイしている様子を生配信するゲーム実況などがそうだろう。

もう少し一般的な趣味の場合もある。たとえば、料理がそうだ。料理系の動画で人気を集めるユーチューバーは少なくない。美味しい家庭料理の作り方をわかりやすく教えてくれる正統派から、すべてをミニチュアサイズの食材で作り、手先の器用さで唸らせる変わり種まで、料理はメジャーな動画ジャンルのひとつだ。

それで思い出されるのは、タモリが趣味人としての顔を知られるきっかけになった番組のひとつ、TBSテレビ『ジャングルTV～タモリの法則～』(一九九四年放送開始)である。

その人気コーナーに「ジャングルクッキング」があった。毎回ひとつの料理を出演者が手分けして作るコーナーで、誰がどの部分の工程を担当するかはルーレットで決まる。ところが料理が趣味のタモリは、用意された食材を使って勝手に脇のほうで自分好みの料理を作るようになった。しかもその腕前も鮮やかで味も確かなものだったため、そのうちタモリ専用の七輪が用意されるまでになった。

その「好きなこと」を優先する感じは、いま思えばとてもユーチューバー的である。要するに、つい対立させて考えがちだが、テレビとネットの違いは思ったほど明確なものではない。そのことをテレビの側で象徴する存在が、タモリなのである。

## 赤塚不二夫が示そうとしたこと

そんなタモリは、自分という芸能人は赤塚不二夫の「作品」であると公言している。赤塚について書かれた第3章は、通史的に昭和から平成をたどるI部の他の章に比べると異質な印象もあるかもしれない。実際、赤塚不二夫に対しては、「昭和を代表するギャグ漫画家」という評価が一般的なものだろう。

だが、赤塚の残した作品、そして生き方には、タモリと同様平成にも通底する部分がある。それは第3章でも述べた通り、「ナンセンス」、つまり意味の呪縛からの解放への徹底したこだわりである。ナンセンス、平たく言えばくだらない無意味なことを真剣にやる。それが、赤塚が生涯貫いた哲学だった。

昭和においてその哲学は、高度経済成長期において真面目さ・勤勉さを信奉する世の流れへのアンチテーゼ的意味合いがあった。

一方、平成の時代状況はまったく異なる。先述したような災害や事件などによって不安は増幅し、誰もが多かれ少なかれ生きづらさを抱えるようになった時代、それが平成だ。

とはいえ生きづらさもまた、ある面では意味の病である。たとえば、「やりたいことが見つからない」「学校や職場にうまく馴染めない」というような焦りや苦しみは、裏を返せば人生はこうでなければならないという固定観念にとらわれているがゆえのものだろう。ただ理屈としてはわかっても、意味の呪縛からはそう簡単に抜け出せるものではない。だからこそ、赤塚不二夫のような生きた見本は、このうえなく貴重なものになる。

ただし重要なのは、赤塚不二夫の生き方をそのまま真似ることではない。そのエッセンスを継承することだ。

そのヒントは、「ぼくは〝漫画をかきながら生きる〟ことと〝漫画のように生きる〟ことを両立させようとしてきた」という、前に引用した赤塚自身の言葉のなかにすでにある。赤塚は、〝人生＝リアル〟と〝漫画＝フィクション〟を文字通り両立させようとした。そして、フィクションの持つ力によってリアルのなかにある別の可能性を引き出す。それが、赤塚不二夫が自ら示そうとしたことだった。

## リアルとフィクションを架橋する

そして実際、平成のテレビにおいても赤塚を受け継ぐような流れは存在する。

基本的に平成のテレビは、ドキュメントバラエティにしても散歩番組にしても、リアルを追求してきた。それまでの世の中で当たり前とされていたことが崩れた時代状況において、そうなることは必然でもあっただろう。

だがそのときもう一方で、平成のテレビはフィクションの可能性を模索しもした。

そのひとつは、いうまでもなくドラマだ。本書で取り上げた深夜ドラマの脚本家や演出家もそうだが、坂元裕二、宮藤官九郎、野木亜紀子、岡田惠和などの脚本家たちが、それぞれの流儀で平成のリアルを踏まえたフィクションを紡ぎ出すようになった。

たとえば、坂元裕二が『anone』（日本テレビ系、二〇一八年）において血がまったくつながっていない疑似家族の形成と運命、そして希望をスリリングに描き切ったように、それらの脚本家は、生きづらい現実を踏まえたうえで、新しい家族や恋愛のかたち、いままでとは異なる人生の生き方をドラマならではの想像力を駆使して見せてくれる。

そしてアイドルという存在もまた、そうした〝リアルなフィクション〟のひとつである。第Ⅳ部でも述べたように、アイドルグループがコミュニティのあるべき姿を体現すること、それは結局アイドルがリアルな現実に根差したフィクションを演じてくれる存在だということである。アイドルは「夢を与える」職業だという言い方があるが、SMAPがそうだったように、アイドルグループは〝未来のコミュニティ〟という「夢＝フィクション」を見せてくれる存在なのだ。

要するに、リアルとフィクションをいかに架橋するか。それが平成も終わろうとするいま、テレビが試行錯誤を続けているひとつの挑戦だ。その成否に、ネットとの連携がますます進んでいくに違いない次の時代におけるテレビの未来もかかっているのではあるまいか。そして「ポスト平成」のテレビジョン・スタディーズがまず見据えるべき主題もまた、そこにあるはずだ。

# あとがき

本書は、初出一覧にもあるように、私がここ何年かのあいだに発表した論考をまとめたものである。序章、終章、そして各部の最初にある文章は今回の出版にあたって書き下ろしたものだが、本論部分についてはかなりの加筆・変更や表記の統一等をおこなったが、論旨は基本的に変わっていない。

ここに収められた論考は、各雑誌からのその時々の求めに応じて書かれたものであり、元々はそれぞれ独立している。ただ私自身が長年テレビと日本社会の関係に関心を抱いてきたこともあり、改めてそれらを並べてみるとひとつのテーマが浮かび上がってきた。それが「テレビと平成」である。

振り返ってみると、平成とは「輪郭の曖昧な時代」であったと思う。直前の昭和という、まさに激動の時代と比べられるがゆえにそう思ってしまう側面もあるだろう。しかし、やはり平成という時代には何とも言い難いとらえどころのなさがある。

平成のテレビについてもたぶん同様のことが言えるだろう。とりわけ、ネットの普及やそれに伴うネット動画などの新たな映像コンテンツの登場もあって、ますますその印象は深まっていると言っていい。

だがそれは、三〇年余に及ぶ平成のテレビに見るべきものがなかった、ということでは決してない。むしろそこには数多くの人気を博した番組があった一方で意欲的・実験的な企画があり、また時代を体現する多彩な演者たちがいた。そんな平成のテレビの多様性に満ちた姿をその背景にあるものとともに示そうとしたのが本書であり、その意味において本書はひとつの「平成テレビ地図」になっているはずだ。

その点、今回の論集という形式自体がテレビの擬態のようでもある。目次にはテレビ欄のように「番組＝論考」が並んでいて、どの論考から読んでも構わない。そして全体を通読してみれば、テレビがそうであるように、自ずとその時代固有の空気が感じられる。

そういうわけで、読者の方には目次を開いてパッと目に付いた論考から読み進めてもらえればと思う。そして最終的に本書が、テレビを「見る」とは、「楽しむ」とは、そして「批評する」とはどういうことかを考えてもらう一助になれば、著者としてそれに勝る喜びはない。

最後になるが、本書への転載を許可してくださった関係者の方がたに感謝申し上げたい。また、青土社の加藤峻さんには企画段階から終始大変お世話になった。私がこれまで書いた論考のなかから候補となるものをピックアップし、本全体の構成を考えてくれたのも加藤さんである。この場を借りて、心から感謝の意を表したい。

二〇一九年三月

太田省一

# 初出一覧

序章　（書き下ろし）

各部の序文（書き下ろし）

1　「昭和の「紅白」と平成の「紅白」――そして新時代のあるべき姿とは」（『GALAC』（594）、2018年12月）

2　「東京ソング変遷史「東京」から「TOKYO」へ。」（『東京人』30（8）、2015年7月）

3　「漫画家アイドル・赤塚不二夫――七〇年代という時代をめぐる一考察」（『ユリイカ』48（15）、2016年11月）

4　「女性アナウンサーの過去・現在・未来」（『GALAC』（593）、2019年3月）

5　「「テレビのひと」、阿川佐和子を読み解く」（『ユリイカ』51（1）、2019年1月）

6　「現代日本の世相とバラエティの潮流」（『GALAC』（540）、2014年6月）

7　「現代日本の「おとな」とは――視聴者がタモリに求める新しい思想」（『月刊民放』45（5）、2015年5月）

8　「「ハレ」のメディアであるテレビが「ケ」のメディアに変わりつつある」（『GALAC』（562）、2016年4月）

9　「バラエティなドラマたち――放送作家のテレビ的冒険」（『ユリイカ』44（5）、2012年5月）

10　「ループする日常の快楽――『怪奇恋愛作戦』が具現するコメディの力」（『ユリイカ』47（14）、2015年10月）

11　「一〇年目の「モテキ」――大根仁が深夜ドラマにもたらしたもの」（『ユリイカ』49（18）、2017年10月）

12　「山田孝之容疑者（33）、住所不定、多職。――それでもリアルを求める人」（『ユリイカ』49（12）、2017年8月）

13　「職業になったアイドル――テレビ、現場、そしてコミュニティ」（『月刊民放』44（9）、2014年9月）

14　「「王道」を継承した究極の素人―― SMAPがテレビに果たした役割」（『GALAC』（570）、2016年12月）

15　「「平成」はアイドルをどう変えたのか」（『GALAC』（587）、2018年5月）

16　「そして再び、アイドルグループは「学校」になった――引退／卒業のアイドル史」（『現代思想』47（4）、2019年3月）

終章　（書き下ろし）

＊本書収録にあたり、大幅な加筆修正を施した。

［著者］太田省一（おおた・しょういち）
1960年生まれ。社会学者・文筆家。東京大学大学院社会学研究科博士課程単位取得満期退学。テレビと戦後日本社会の関係が研究および著述のメインテーマ。著書に『紅白歌合戦と日本人』、『アイドル進化論』（筑摩書房）、『社会は笑う・増補版』、『中居正広という生き方』、『木村拓哉という生き方』（青弓社）、『マツコの何が“デラックス”か？』（朝日新聞出版）、『芸人最強社会ニッポン』（朝日新書）、『テレビ社会ニッポン』（せりか書房）ほか多数。

# 平成テレビジョン・スタディーズ

2019年4月25日 第1刷印刷
2019年5月 8 日 第1刷発行

著者――太田省一

発行者――清水一人
発行所――青土社

〒101-0051 東京都千代田区神田神保町1-29 市瀬ビル
［電話］03-3291-9831（編集） 03-3294-7829（営業）
［振替］00190-7-192955

組版――フレックスアート
印刷・製本――ディグ

装幀――水戸部 功


ISBN 978-4-7917-7156-1 C0036